竞技游戏设计实战指南

MOBA+RTS+TCG+FPS

程弢 编著

人民邮电出版社

北京

图书在版编目（CIP）数据

竞技游戏设计实战指南：MOBA+RTS+TCG+FPS / 程弢
编著. -- 北京：人民邮电出版社，2019.6
ISBN 978-7-115-50909-3

Ⅰ．①竞… Ⅱ．①程… Ⅲ．①游戏程序－程序设计－
指南 Ⅳ．①TP311.5-62

中国版本图书馆CIP数据核字(2019)第042428号

内 容 提 要

竞技游戏是近年来十分火爆的游戏类型，如何设计开发出一款让玩家爱不释手的游戏是本书的主要目的。

本书共分为 9 章。其中，第 1 章讲述如何定位市场，制作一款什么样的游戏才是正确的决定；第 2 章讲解竞品分析、撰写 GDD、组建团队和寻找启动资金；第 3 章介绍游戏的核心玩法；第 4 章讲解角色的技能设计；第 5 章讲解如何设计竞技游戏的地图；第 6 章讲解游戏系统的设计；第 7 章讲解界面和交互；第 8 章介绍文案写作与视觉设计；第 9 章讲解如何发行和推广游戏。

本书适合游戏设计和开发行业的从业人员、竞技类游戏的爱好者等阅读，也可供游戏设计相关专业的师生参考。

◆ 编　著　程　弢
　　责任编辑　刘晓飞
　　责任印制　马振武

◆ 人民邮电出版社出版发行　北京市丰台区成寿寺路 11 号
　　邮编　100164　电子邮件　315@ptpress.com.cn
　　网址　http://www.ptpress.com.cn
　　天津市豪迈印务有限公司印刷

◆ 开本：690×970　1/16
　　印张：16
　　字数：315 千字　　　　　　　　　2019 年 6 月第 1 版
　　印数：1—2 500 册　　　　　　　2019 年 6 月天津第 1 次印刷

定价：79.00 元

读者服务热线：(010)81055410　印装质量热线：(010)81055316
反盗版热线：(010)81055315
广告经营许可证：京东工商广登字 20170147 号

推荐序

人与人之间的竞技运动，是一种人类对自身潜能进行发掘和探索的活动，更是人类追求更强大的自身能力的一种手段。自古以来，能站上竞技运动巅峰的人，就代表着这种精神追求和能力极限。

科技的发展，推动了工业的进步，信息技术的发展，更是全方位地改变了信息传播的方式，从而影响了人的生活方式。以电子游戏作为载体的电子竞技活动，正是信息技术应用于竞技运动而形成的一种产物。

1972 年，斯坦福人工智能实验室进行了世界上第一场电子游戏的比赛，揭开了游戏竞技的序幕。20 世纪 90 年代，随着互联网的普及，联机型的游戏打破了传统竞技赛事的地域性局限，电子竞技从此开始风靡全球。

不论是参与游戏竞技，还是观赏优质的竞技内容，截至 2018 年，全世界约有 16 亿的电子竞技用户，而中国的电子竞技用户数也已经超过了 3 亿，且这个数字仍在快速增长。但直到目前，全球范围内只有十多个有竞技商业价值和知名度的电子竞技游戏。巨大的市场潜力面前，缺乏的是对竞技化游戏和游戏竞技化的深刻认知与实践提炼。在概念、认知和实践等多个方面，电子竞技用户和非电子竞技用户之间都存在着巨大的观念鸿沟。"电子竞技就是玩游戏""电子竞技是延长游戏生命周期的手段"，诸如此类的观点正在阻碍电子竞技的健康发展。

追本溯源，对于游戏与竞技之间的关系，缺乏系统性的研究和探讨，更缺乏实践层面的总结和归纳。程羽先生作为电子竞技的"骨灰级"玩家，深耕竞技游戏领域多年，研发游戏、运营战队，在不同的维度上对竞技游戏都有着深刻的思考，更有着来自实践层面上的提炼总结。我相信，从游戏内容层面对于电子竞技的探讨，将在理念上填补电竞行业的一块空白，也相信，本书会为有志于从事电竞行业的游戏开发者和厂商提供独特的视角。

超竞集团副总经理

王培彦

前言

从游戏玩家转变为游戏设计者

——如何从一个成功的游戏中学习设计游戏？

2016 年的春节长假刚过，《王者荣耀》手机游戏就火遍了中国的大江南北。截至 2017 年 6 月的数据显示：《王者荣耀》的注册玩家数达到 2 亿，平均每日至少打开一次游戏的玩家数量超过 9000 万，平均每日的最高收入达到 1.5 亿元。2016 年全年，该游戏的年收入超过 150 亿元。这组数据意味着我们身边每 7 个人里面，就有 1 个下载过《王者荣耀》；每 14 个人里面，就有 1 个人天天玩《王者荣耀》。仅仅用了一年时间，《王者荣耀》就成为全球玩家人数最多、收入最高的游戏。

同年，一款规则无比简单的手机竞技游戏也同样获得了巨大的成功，这款游戏的规则只要一句话就可以概括——大球吃小球。名为《球球大作战》的游戏，曾在 2017 年 1 月 8 日公布以下数据：平均每日至少打开一次游戏的玩家数量达到 2500 万，每个月至少打开一次游戏的玩家数量达到 1 亿，全球总注册量达到 2.5 亿。

▲《王者荣耀》职业联赛总决赛

▲《球球大作战》2017 总决赛

《王者荣耀》和《球球大作战》的案例说明，随着智能手机的普及，曾经远在天边的电子竞技，正在以无比迅猛的速度来到每一个人的身边，真正成为大家喜闻乐见的日常娱乐方式。

在这个时代的大潮下，很多年轻人不再满足于只是作为一名玩家单纯地体验游戏，更希望自己能深入到移动竞技游戏的设计与开发中来，憧憬着某天自己开发的游戏也能令数以万计的玩家着迷，能有主播直播，能举办各种各样的竞技比赛，自己能作为游戏的制作者聆听现场观众的欢呼和呐喊。

如果你正好怀揣这样的梦想，那么本书将为你逐层揭开竞技游戏设计与开发的神秘面纱，本书将用新鲜的案例、生动详实的分析，并结合作者自身将近十年的竞技游戏开发经验，讲述如何从零开始，开发一款属于自己的竞技游戏。

在正式动手之前，先沉下心讨论两个"高大上"的话题——竞技游戏究竟为什么有这样巨大的魅力，成为普及率最高、受众最广泛的游戏类型？我们该如何跳出"游戏玩家的角度"，以"游戏设计者的角度"去审视、剖析和设计竞技游戏？

那就先从 2017 年最新流行的竞技游戏开始探寻吧。

来看一组《绝地求生: 大逃杀》（以下简称《绝地求生》）的数据。截至 2017 年 6 月上旬，蝉联了 11 周 Steam 平台下载的第一名；截至 2017 死 6 月上旬，全球最高同时在线人数达 20 万以上。

《绝地求生》并不是一款免费游戏，其中文版售价高达 98 元，这也不是一款知名公司出品的游戏，并没有任何"品牌光环"。

游戏上架时，性能优化差得出奇，市面上 95% 的电脑都无法正常运行。游戏没有中国服务器，玩家想要勉强流畅进行游戏，必须使用"游戏代理"，但仍然拥有较高的 Ping 值（指玩家的电脑与游戏服务器之间的传输速度，Ping 值越高，游戏体验越差，Ping 值越低，则游戏体验越流畅）。

那么，《绝地求生》到底有怎样的魅力，让我这个游戏从业者，以及数以百万计的玩家克服重重障碍，一局又一局地在游戏里"如痴如醉"？答案是：实在是太好玩了！

让数以百万计的玩家说出"好玩"，是任何一个梦想以制作游戏为事业的人毕生最大的追求。接下来，笔者就对这款游戏的各个方面逐一进行分析，剖析它的核心玩法，一起来学习这款游戏的可玩性到底是如何设计并形成的。

当我们尝试着去解构一个游戏时，首先要将整个游戏流程完整地梳理出来，这是初识一个游戏时最重要的线索。可以将所有竞技游戏的流程分为 3 部分：准备战斗、正在战斗、结束战斗。这样的划分方法看似简单，但始终提醒游戏设计师，所有的工作都要紧密围绕着"战斗"一词。因为竞技游戏的核心就是战斗的体验，一个好的战斗体验，对游戏的可玩性起着决定性作用。

《绝地求生》的战斗过程设计是非常老辣的，将"强制规则"与"随机事件"非常巧妙地融入到了游戏设计中的各个角落。《绝地求生》的游戏规则中，最突出的强制性在于战斗过程的持续时间。玩家的角色在地图中大致的活动范围，由一个阶段性动态缩小的安全范围控制。安全范围有 7~9 个阶段，每个阶段的持续时间从 5 分钟到 1 分钟逐渐递减。如果玩家的角色在安全范围之外，就会被持续扣血直到死亡。这个设定非常完美地控制了每一场战斗的持续时间，同时又迫使所有玩家都要控制角色不断地跟随安全区域移动。安全范围的刷新时间是强制性的，但安全范围的具体位置，却是完全随机的，没有玩家每次都能猜中安全范围的具体位置，玩家需要不断地在地图的各个点位中移动自己的角色，以确保其在安全范围之内。在这个大前提下，整个战斗的时长被控制在了 30 分钟以内，同时激励玩家在这 30 分钟内，每隔一段时间，就要控制角色跑动，这样的设定极大地提高了与敌对角色发生冲突的概率，而能获得一场战斗胜利的最终只能有一个人，这让整个战斗体验变得异常刺激。

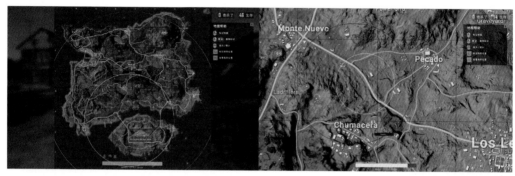

▲ 蓝色圈以内是安全范围

《绝地求生》战斗过程的第一阶段：战斗开始时，100 个完全互相敌对的角色被装到同一架飞机上，从地图的四周任意一个角度直线飞入，在飞机掠过地图上空时，玩家可以选择任何时间节点控制角色跳出飞机，然后滑翔至航线附近的地点降落。

▲ 开局后跳伞

《绝地求生》战斗过程的第二阶段：不管角色落在地图上人多还是人少的位置，他在落地的一刹那都将立即进入"搜寻物资"阶段，玩家们将控制角色以最快的速度在附近的建筑内搜寻物资武装自己，同时还需要时刻盯防敌人的来袭。越快地获得武器和防具等物资，就能越快地领先于对手。在所有角色都刚刚落地时，谁先获得装备资源，谁就可以获得绝对的优势去击杀那些没有获得资源、手无寸铁的角色，直到消灭掉周围区域的所有敌对角色后，才可以获得相对的安全，暂时松一口气。"落地即战斗"的设定看似无比残忍，却激发出了人类最原始的求生本能，并让玩家获得了战斗过程中的"第一个兴奋点"。在这个兴奋点结束后，一部分搜寻资源较慢、运气较差的玩家就被强制中断本场战斗，只能重新开始下一场。

《绝地求生》战斗过程的第三阶段：经过第二阶段后，如果角色有幸存活，那么"提升角色装备"就是玩家在该阶段的重要目标。《绝地求生》中，装备的刷新点看似随机性很强，实际上如果进行一定量的统计后就会发现，一般情况下，玩家很难在角色的落地点周围搜寻到足够的装备——拥有一些，同时又缺少一些——这又是一个将"强制性"与"随机性"巧妙融合的设定。玩家会选择或较保守，或较激进，或较狡猾的各种游戏策略去解决问题。

在该阶段中，伴随着安全范围的强制性刷新，玩家又会遇到许多突发的随机事件，如果解决掉这些突发事件，就可以捡起敌人掉落的物品（俗称"舔包"），慢慢扩充自己的装备与物资。反之，如果玩家的策略失败，或者没有及时解决掉突发事件，玩家就只能离开游戏，期待下局好运。

这个阶段会持续较长的时间，直到安全范围进入倒数第 5~3 次刷新，战斗进入到最后的"决赛阶段"。

《绝地求生》战斗过程的第四阶段：如果玩家在前面 3 个阶段中经历了千难万险仍然可以使自己的角色存活下来，就将进入最后的决赛阶段。之前飞机上的 100 个角色此时将只剩下 10~20 名，这是战斗过程中最紧张、刺激的部分。这些最后的幸存者将在一个已经缩到很小的安全范围内决斗。此时所有角色的装备都接近同样的水平，而安全范围内的任何一棵树、一栋房屋、一个小坡，甚至一株草都可能是有利位置，玩家必须在确保自己的角色安全的情况下占据有利位置，同时尽可能地击杀敌方角色。因为最后可以获得游戏胜利的玩家有且只有一个人，所有走到这一步的玩家，都不愿意轻易放弃看似唾手可得的第一名。整场游戏的所有悬念都在这短短七八分钟内揭晓，此时不仅仅考验玩家的反应与策略，同时更需要运气——也就是随机性——才能获得最终胜利。

在《绝地求生》中，整个战斗过程看似沙盒化的、完全自由的，但通过以上的分析，发现并不完全如此，游戏中的强制性与随机性是彼此交融的，通过强制性控制游戏进程，通过随机性带给玩家各种冲突。而在每一次冲突之后，又将给予冲突胜利的一方一定的成长。好的竞技游戏，就是将两者完美融合的典范。

▲ 在最后一个安全范围内战斗

▲ 随机与强制

　　一款竞技游戏在设计时所利用的所有元素与手段，其根本目的都是为了强化游戏中玩家与玩家的冲突。不停地制造冲突，同时让在冲突中取得胜利的玩家的角色获得阶段性成长，是竞技游戏源源不断为玩家带来乐趣的关键因素之一。

　　在《王者荣耀》中，双方的5名队员只有一个终极目的：守住自己的塔和水晶的同时，想尽一切办法摧毁敌方的水晶，获得最终胜利。而当敌我双方10个人都怀有同样的目标时，地图中的每一座塔、每一片野区资源、每一个小兵，都成为"爆发冲突"的导火索。当玩家在每一次的冲突中取得胜利，都会获得金币，购买更强力的装备，也可以获得更多的经验值，提升自己角色的等级。不断地参与冲突并成长，是让玩家在战斗中保持高度专注的持续动力。在冲突与成长的结合中，《球球大作战》则设计得更加直接明了，当两个球发生冲突后，大球吃掉小球，就可以成长为更大的球，玩家只要持续地获得冲突胜利，就可以在战斗结束时获得更高的分数。

▲《王者荣耀》推塔

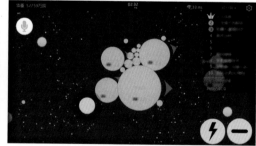

▲《球球大作战》的战斗画面

　　请读者结合自己所喜好的竞技游戏，去尝试总结这个游戏的设计师是如何设计强制性与随机性，从而达到引发玩家冲突，并使冲突胜利的一方获得阶段性成长的满足感。

　　本书主要是对竞技游戏核心玩法设计的介绍，针对的是有一定游戏设计想法的人。如果你有一些关于竞技游戏的奇思妙想，却不知该如何梳理并设计成最终的游戏产品，那么本书非常适合你阅读。如果你还没有特别好的想法，但立志成为一名竞技游戏设计师，本书也许能给你一些启发，帮助你设计出自己独创的竞技玩法。

目录

第 **1** 章

定位游戏目标市场

当今的游戏市场异常繁荣，各种各样的游戏佳作层出不穷。整个市场从未像今天这样活跃，也从未像今天这样复杂以致难以把握。本章将以竞技游戏为切入点，讲述立志成为游戏设计师的读者究竟该以怎样的角度，该以怎样的身份去看待当今的竞技游戏市场。同时，又该如何提前做好准备，如何打下基础，才能让自己在游戏行业里一试身手并大展拳脚。

1.1 自身的喜好是基础

电子游戏发展到今天，早已无处不在、无孔不入。正在阅读此书的读者，想必也是某些游戏的玩家。特别喜欢玩某些游戏，可能是因为这款游戏的画面赏心悦目；也可能是因为周围的好友都在玩，如果自己不玩就会显得有点落伍或者不合群；还有可能是因为游戏内的某些设计激发了你的胜负心，一定要战胜对手才能获得自我满足。然而不管原因为何，这一切实际上都是游戏设计师与运营者通过目标市场定位、修正核心玩法等方式设计出来的"阴谋"。那么当读者将自己的角色定位从玩家切换到游戏设计师后，再回过头来看自己喜爱的游戏，又会给自己未来在游戏设计的道路上带来怎样的启发呢？

1.1.1 做游戏之前，先会玩游戏

从某种意义上来说，游戏设计师和厨师比较像。想当好一名厨师，首先要有一个好舌头，因为只有能准确品尝出味道的厨师，才能体会到自己做的菜是否好吃，或者能否满足顾客的口味。同样，如果你的理想是当一名游戏设计师，那么你首先要做的不仅是狂热地喜爱"玩游戏"，更重要的是可以在玩游戏的过程中，分析出一款游戏的核心玩点到底是什么——好比厨师在品尝菜肴的时候可以准确地说出其中加入了什么食材和调味品，这是成为一名合格的游戏设计师的基础，即所谓的"未曾做菜，先会尝菜"。

"兴趣是最好的老师"，只有先有了兴趣，才能有最强大的动力去战胜游戏设计中的一切困难，这是因为游戏设计师需要掌握的技能非常复杂，跨越多个领域，并且需要有一

定的艺术天分和强有力的逻辑思维。当你在
实际的游戏开发过程中遇到各种各样意想不
到的困难时，只有将那近乎狂热的兴趣作为
推动力，才能支撑你坚持不懈地进行下去。

　　因此，作为游戏设计师的第一条原则就
是以自己的游戏喜好为基础，这样不仅更容
易上手，也可以快速地、从容地面对过程中
遇到的问题。

　　在游戏设计师切入点这个问题上，最典型的例子当属《绝地求生》的制作人布兰登·格
林（Brendan Greene），他曾是《使命召唤》和《武装突袭》等系列游戏的狂热玩家，
但 FPS（第一人称射击）游戏日益趋同的
玩法却又使其深感厌倦。"传统大型射击游
戏往往每隔 20 秒就会讲故事，玩家每局比
赛有数次生命，游戏中没有幸存者，只有赢
家。能不能加大玩家在游戏时的紧迫感，让
他们更重视角色的生存价值？"格林在采访
时如是说，"很多游戏的玩法太'套路'了，
你知道敌人从哪儿来。噢，他在这儿，然后
你就'砰砰'……《绝地求生》的玩法不一样，
你永远不知道接下来会发生什么。每局比赛
都像是一个独特的故事，带给你不同的体验，
这是关键。"一些与众不同的想法，结合不
知疲倦地克服开发中遇到各种困难的毅力，
才造就了生存类游戏的玩法如今在全球范围
内的火爆，这与格林在 FPS 游戏类型上长
年累月的经验积累密不可分。

1.1.2　竞技不只局限于重度游戏

　　可能有些热衷轻度休闲类游戏的玩家看到此处会有些心灰意冷，以为上述经验只有重
度游戏的玩家和开发者才能拥有。其实不然，电子竞技游戏的适用范围是非常广泛的——

几乎任何类型的游戏，都可以进行竞技化的改造，笔者也正在经历这样的过程。

关于"轻度游戏的竞技化改造"的命题，最好的例子莫过于《球球大作战》和《贪吃蛇大作战》等休闲竞技游戏。贪吃蛇玩法的普遍流行还是在 20 世纪 90 年代末期。由于极易上手并且具备高度的耐玩性，《贪吃蛇》作为一款极度简单的小游戏被内置在诺基亚各个型号的手机中，并随着诺基亚手机不断增长的销量而风靡全球。后来到了智能手机时代，市场发生变化，大家也渐渐忘记了《贪吃蛇》，直到有设计师对其进行了"多人竞技化"的改造，开发出了《slither.io》，贪吃蛇这种经典玩法才再次进入了广大休闲玩家的视野。

《slither.io》的改造思路是：将原本只能一条蛇不断增长的单一化游戏过程，改变为可以让多个玩家在同一场景中控制多条蛇，只要蛇的头部碰到其他蛇的躯干就会直接溶解成若干个小圆点，其他蛇只要吃掉小圆点就会不断加长。后来的事实证明这种改造是非常成功的，玩家们在这种玩法下玩得不亦乐乎，各种各样的仿制品在 2016~2017 年喷薄而出。这无疑是休闲游戏竞技化过程中非常典型的案例。

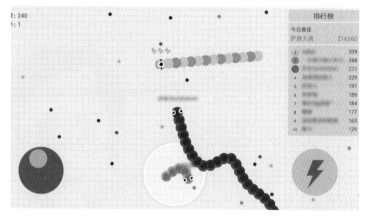

▲ 《贪吃蛇大作战》

因此，无论你曾经是什么游戏类型的玩家，只要你发自肺腑地对自己擅长的游戏领域保持热忱，通过对本书后续章节的学习，你都可以设计出较为耐玩的竞技型游戏。

1.1.3 "丁"字型人才

笔者自 2008 年毕业至今，已经在游戏领域从业整整十年，遇见过许多游戏同行，其中做得比较出色的从业者都有一个共性，他们都是"一专多能的'丁'字型人才"。

所谓"一专"，是指游戏设计与开发的从业者，最好能找到一个技术型的切入点。例如，你擅长绘画，就可以学习原画；如果你会编写程序，就可以从程序员入手。在此，笔者隆重推荐从代码层面入手，这可能是最好的切入点。不用学习过于深度的底层程序语言，因为相对成熟的游戏引擎往往都是从"脚本型语言"入手的。好比上文中提到的《绝地求生》制作人布兰登·格林，就是典型的当自己有了游戏设计灵感之后，直接动手实践、验证想法是否"对路"的人。通过了解《绝地求生》的诞生过程，我们了解到生存类游戏实际上最早来源于《武装突袭 3》的一个 MOD（modification 的缩写，原意为"修改"，用于游戏领域时被译为"模组"）。

再举一个例子，最古老的第一代《DotA》脱胎于《魔兽争霸 3》的地图编辑器，通过十余年的运作，衍生出许多重量级的 MOBA（多人在线战术竞技）产品，例如《英雄联盟》和《DOTA2》等，也逐渐将电子竞技在全球范围内带到了一个非常高的高度。这是由于经过十年甚至二十年的发展，游戏开发已经是一个非常成熟的领域，大部分所能想到的游戏元素，已经在许许多多的游戏中实现过。二十年前的游戏设计师，往往拥有许多奇思妙想，但缺少实现工具，而二十年后的今天，我们缺少的反而是真正独创的灵感，丝毫不缺低成本的快速验证想法的工具。对于游戏设计师来说，使用其他已经成型的游戏基础去开发 MOD 来验证自己想法的成本是最低的，效率也是最高的，并且最终的成功机会也是相对较高的。而无论如何，掌握一些基础的脚本编写方法，都是在游戏编辑器中实现自己想法时的必要手段。

如果并非励志要成为一名真正意义上的程序员，那么只要学习一些类似 LUA 的脚本程序编写方法就已经可以在《DOTA2》的编辑器中驰骋了。此后，要对艺术、大众心理、逻辑、数学和制表等多个方面进行了解——
这就是所谓的"多能"。例如，当看到美工
提交的某个花纹时，能准确说出这是欧式还
是中式花纹；又或者可以对整个数值系统的
结构有一定的认知，知道如何建立一个可以
灵活调整的数值结构表格。这些看似杂乱的
学科，都是立志成为游戏设计师的必修课。

1.2 如何发现蓝海

1.2.1 了解市场

　　一般意义上，对于市场的狭义认知是"买卖双方进行交易的区域"，而现如今，对市场一词更为广义的理解是"需求"。不断地挖掘人们所产生的需求，本身就是一个不断发现市场的过程。在对这个过程的观察中不难发现，消费者并不是设计师，所以消费者产生新的需求之前，往往连消费者自己都无从得知。就好比在《DotA》和《绝地求生》出现之前，又有多少 FPS 玩家会主动告诉游戏设计师他想玩"生存类"的游戏？又好比迪士尼的《冰雪奇缘》在上映之前，是不会有观众突然产生想要看"冰雪公主姐妹的故事"的欲望的，这是艺术创作领域的从业者试图了解市场时，所必然产生的局限性。

　　那么，作为游戏设计师，又该如何去了解市场呢？笔者根据自己的从业经验，从超轻度到超重度，将竞技市场（包含 PC 端和移动端）做出了如下划分。

▌休闲

　　《斗地主》等棋牌游戏，"同桌游戏"中各种几十秒，甚至 2 分钟之内结束战斗的超轻度对战游戏。

▌轻度

　　《球球大作战》和《皇室战争》等 2~10 分钟以内、低频度操作的游戏。

▌中度

　　《实况足球》系列、《NBA 2K》系列和《FIFA》系列等体育竞技类游戏，《王者荣耀》和《荒野行动》等 PC 端的重度游戏的移动化版本。

▌重度

　　《英雄联盟》《守望先锋》《绝地求生》和《CS:GO》等一局的平均战斗时长在 30 分钟以内、中度偏高频率操作的游戏。

▌超重度

《星际争霸》系列、《DotA》系列和《魔兽争霸 3》等平均单局战斗时长超过 30 分钟，并且高频率操作的高强度对战竞技游戏。

需要注意的是，以上分类只用于"竞技游戏"，并不能当作全游戏行业的分类。

根据以上分类，可以大致总结出竞技游戏的分类，实际上与每一局核心战斗的持续时间和该时间内玩家的操作频率有着密切的关系。而核心战斗的持续时间，则是与不同玩家的游戏体验环境有关。例如，《英雄联盟》和《守望先锋》之类的重度游戏，大部分玩家都是在下班后、放学后或假期期间进行游戏，这是因为此时玩家可用于休闲娱乐的整块时间比较多。所以如果想认清市场，甚至想要找到市场的切入点，就必须对核心战斗的时间和操作频率做出精确的规划。

而仔细观察又会发现一个让人非常垂头丧气的现象，好像每个分类下都已经有了"超级巨头"运营的游戏，他们几乎"霸占"了玩家每个游戏场景下的所有时间，那么留给市场新入者的机会还有吗？答案是：有，但要非常精准。

TIPS　笔者认为，当前全平台下的竞技游戏市场，还有两个机会留给新入场的游戏设计师，其中一个机会是承接大用户量游戏中流失的玩家，另一个机会是寻找对局更快速、重来更简单的核心玩法。

任何游戏，无论多么经典或辉煌，都会有达到顶峰、开始走下坡路的那天；任何玩家，无论他曾经多么热爱一款游戏，总有舍弃的时候。这并不是一个伤感的话题，而是一个健康的、不断发展的行业正常情况下的"新陈代谢"。这个过程，是难以察觉的，是慢慢进行的。例如，2017 年年底至 2018 年年初的这一次竞技手游（手机游戏）"战争"，随着《王者荣耀》度过了巅峰时期，"生存类"的竞技手游几乎席卷了游戏类媒体，都在争先恐后地博取玩家的眼球，这些游戏开发商所要做的，就是要尽可能地争取从《王者荣耀》中流失的玩家，不仅网易需要这么做，腾讯的内部也更要如此，因为新陈代谢是客观的自然规律，并且是不可逆转的。

此时，中、重度游戏类型已经是各个巨头之间的战争，把目光移向轻度竞技和休闲竞技时，却是另一番景象：新游戏层出不穷，并极少形成巨头垄断。不仅如此，单局的游戏时间呈现越来越短的趋势。即使是《斗地主》，也在通过各种各样的手段减少对局时间。形成这种趋势的原因是多方面的，是复杂的，归咎其本质，是由于新一代年轻人的生活节奏越来越快，他们不愿意接受过多的"准备时间"，他们喜欢一步到位、开门见山。过多酝酿对他们而言是一种体验上的折磨——"我要的，立即给我"，是新一代玩家最共性的表现，甚至也是整个体验型经济最核心的关键点。

1.2.2 紧盯新平台带来的机遇

不难发现，决定用户场景的，除了玩家们根据个体需求而划分的娱乐时间外，还有一个很重要的限制因素：平台。每一次具有历史性、决定性的转换，都是来自于用户在平台上的迁移——就好像移民一样，爆炸性的机遇总是比较容易诞生在新平台。但是读者要明确，本文此处所说的平台不仅仅指硬件平台，还包括系统内部的平台。需要划分成两条线讲解，首先来解释硬件平台。

1. 硬件平台

竞技游戏的诞生远远比电子设备出现得早，因为"竞技"一词从广义上来讲是包罗万象的，它包含人类在体力、力量、爆发力、技巧熟练度和智力水平等各个方面的较量。人们为了比拼原始的速度，就有了赛跑；为了比拼技巧熟练度，就有了乒乓球、网球；为了比拼智力，就有了围棋、扑克牌。笔者将这些称之为"真实世界"的竞技。后来发明了电视、游戏机后，人们又在虚拟世界中展开了较量，这就是"虚拟世界"的竞技，也就是"电子竞技"。

电子竞技游戏硬件平台的发展脉络大致为：街机→家用主机→个人计算机→移动设备。

虽然早在 1958 年和 1962 年时，支持双人对战的《Tennis for Two》和《Spacewars》就已经出现在当时的计算机中，但由于当时的计算机体积巨大，且重达数吨，因此无法真正地进入寻常百姓家。直到 1972 年，美国雅利达公司推出的世界上第一款视频游戏《PONG》轰动了全世界并获得了巨大的商业成功，才真正地拉开了电子游戏的序幕。而让电子游戏真正走进家庭的标志性事件是 1983 年任天堂推出的 FC（family computer）主机，俗称"红白机"，大家耳熟能详的横版闯关游戏《超级马里奥兄弟》就是伴随着"红白机"走向了全世界。

▲ 任天堂"红白机"

▲《超级马里奥兄弟》

"红白机"虽然也有支持双人对战的游戏《街头霸王》系列，并且《街头霸王》系列也成了电子竞技的一个分支，直到如今也仍然有全球范围的竞技比赛，但《街头霸王》一直都无法进入正统的电子竞技项目。究其原因，或许是因为"红白机"无法真正地渗透到每个阶层，因此也就无法调动起全社会的关注。直到 20 世纪 90 年代中后期，个人计算机及网吧出现后，这个情况才彻底改观。

▲《街头霸王》系列至今仍然风靡全球

▲《拳皇》系列

　　计算机上的竞技游戏在全球范围内流行起来的标志是 20 世纪 90 年代即时战略类竞技游戏的诞生，一大批充满创意的诸如《命令与征服》《红色警戒》《帝国时代》《星际争霸》等即时战略类游戏层出不穷。之后的《反恐精英》《魔兽争霸 3》《FIFA》《DotA》等其他玩法和类型的竞技游戏接踵而至，正式在国内将电子竞技推到了新高度，而这一切，正是由于游戏平台从 FC 扩展到了 PC。

▲《命令与征服》

▲《红色警戒》

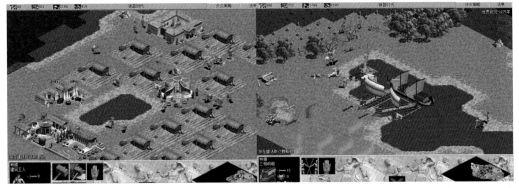

▲ 《帝国时代》

▲ 《反恐精英》

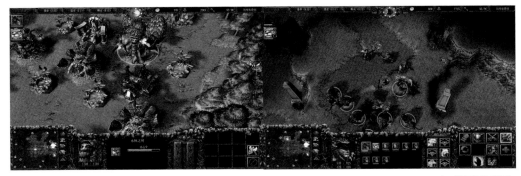

▲ 《魔兽争霸3》

▲ 《FIFA》

▲《DotA》

2007 年，iPhone 的问世拉开了移动互联网浪潮的序幕。2010 年，iPhone 4 的发布，以及基于 Android 系统的智能手机的快速普及，使手机游戏市场成为新的蓝海市场。后来的《王者荣耀》《球球大作战》和《荒野行动》等一系列基于移动端的竞技游戏，都是移动互联网浪潮下的明星产品。

作为 MOBA 手游《魔霸英雄》的创始人和主设计师，笔者亲身经历了 MOBA 游戏从 PC 端转移到移动端的时代。彼时《英雄联盟》和《DOTA2》等 MOBA 游戏在 PC 端非常火爆，而手机的性能也通过多年的升级换代拥有了更强劲的游戏表现力，一种 "MOBA 手游化" 的趋势隐约出现，直到 2014 年 9 月 26 日，苹果在发布会上正式发布 iPhone 6，演示了几乎是全球第一款 MOBA 手游《虚荣》时，MOBA 手游的大战正式开始。《自由之战》《刀塔西游》和《魔霸英雄》，也包括《虚荣》，都在当时针对 PC 端手游化做了深入的研究。而最终统一市场的，毋庸置疑的是《王者荣耀》，这几乎是第一款真正意义上把曾经在 PC 端流行的竞技游戏移植到移动端上的代表作品，因此《王者荣耀》也获得了巨大的市场回报。

只是由硬件平台的扩展带来新市场机会的情况难得一见，虽然每一次新硬件平台的扩展或迭代，都能在某些程度上为游戏从业者带来新的机遇，但新硬件平台诞生的周期，往

往是以十年为单位的。在错过一个机会的时候，不要心灰意冷，也不能以守株待兔的心态消极等待，要举一反三，从其他角度发现新的市场机会。

2. 品类竞争

在拥有大量核心玩家，却迟迟无法面向更广泛市场的品类中寻找机会。

某些《DotA》玩家可能不会认同，《DotA》的玩法在诞生之初，虽然已经拥有大量忠诚的核心玩家，但在 2008~2012 年这段时间，《DotA》由于极高的上手难度和脱离时代的粗糙画面，很难在更广泛的玩家中得到深度普及。由于《DotA》具有极强的可玩性和耐玩性，此时，谁能以最快的速度解决《DotA》中的痛点，谁就能占据更广泛的市场。后来的事情我们都知道了，《英雄联盟》通过更简化的操作、更人性化的细节和更讨喜的视觉表现，最终牢牢地占据了 MOBA 游戏绝大部分的市场份额。

▲《英雄联盟》2017 年 S7 赛季全球总决赛现场

我们虽然是游戏玩家，可以有自己热衷的游戏，但一定要善于分析、学习，才能使自己设计的游戏受到更广泛的喜爱。《DotA》和《英雄联盟》虽然都是以《DotA》的玩法为核心，但针对的目标市场则完全不同，前者针对的是一批以《魔兽争霸 3》为主要载体的核心玩家，后者则是基于从来没有深入了解过《魔兽争霸 3》，但又对多人在线竞技感兴趣的玩家。二者面向的不是同一个群体，自然从设计之初就会产生巨大的差异。

还有一个更好的例子是《CS》和《CF》的关系。在《CS》之前，FPS 游戏就已经有不少，但《CS》是第一款真正将竞技 FPS 游戏推向全球化高度的作品，逼真的枪战体验，简单的游戏流程，让游戏从一开始就获得了巨大的成功。出于种种原因，《CS》v1.6 版本后，游戏接连出现了许多莫名其妙的改动，导致大部分玩家不愿意升级，游戏的正常迭代受到了市场的阻碍。此时，《CF》的研发团队就把握住了机会。《CF》在立项之初针对的目标市场就是那些"喜欢看别人玩《CS》，但自己却怎么都玩不好"的玩家。这是非常聪明的切入点，通过调整枪械后坐力、调整地图复杂度等方式，将那些原本很难上手《CS》的玩家，成功吸引到了《CF》中，外加腾讯平台用户的年龄属性，最终在国内促成了《CF》的火爆。

▲《CS》

▲《CF》

当我们站在游戏设计师的角度设计竞技游戏时，要问自己以下几个问题。

· 要选择的核心玩法是否已经拥有了忠实玩家？

· 要选择的核心玩法是否已经被普及到所有层次的用户群中？

· 要选择的核心玩法是否已经在所有硬件平台中出现？

如果上述 3 个问题的答案皆为肯定，说明此时的市场可能已经饱和，留给后来者的机会非常狭小，这对竞技游戏的发展是非常不利的。因此要寻找的是已经拥有了忠实玩家，但尚未被推广到更广泛的用户群中的核心玩法。已经拥有了忠实玩家，说明核心玩法已经被验证为足够耐玩、足够吸引人，这对启动游戏项目有一定保障。而没有渗透到整个市场，则说明市场仍然拥有充足的发展空间，后来者可以通过对老玩法进行细节调整，使其更适合细分市场的需求。

通过对以上案例的分析,可以总结出以下几点经验作为选择游戏设计方向时的参考标准。

· 市场远比想象中的大，用户的类型也非常多。

· 同一种核心玩法如果进行合理的改造，会针对完全不同的细分市场。

· 如果运营和推广能力配合到位，可以选择面对更广泛、更基础的目标用户群。

· 如果不具备运营和推广能力，可以选择更专业、更"硬核"的目标用户群。

· 无论如何选择，设计结果都要为目标市场服务。

那么，如果你已经瞄准好了目标市场，找到了拥有一定耐玩性的核心玩法，并且该玩法还没有巨头抢占市场时，先沉着冷静地对市场进行"试水"，以最低的成本，逐步验证自己的想法是否正确。

1.2.3 以最低成本高效地验证想法

1. 站在巨人的肩膀上——寻找前人产品的痛点

"没有最好，只有更好"，一个具备流行特质的好产品永远不是一蹴而就的，因此不要对"微创新"嗤之以鼻，颠覆式的创新往往都是通过点点滴滴的小创新积累，从而产生质变。这要求游戏设计师在体验游戏时，要时时刻刻注意去找寻游戏的不足之处，然后思考是否有更完美的解决方案，再思考解决方案会对原有的游戏逻辑产生怎样的影响，是否会破坏原本游戏逻辑的可玩性，是否会对游戏体验造成负面影响？这种类似思想实验的过程，要逐一记录下来，当这些细节积累到足够多以后，就会发现原本的游戏已经产生了改头换面的变化。

这种思想实验是完全免费的，成本只是自己的时间和脑细胞，还可以与其他玩家一起

讨论你的想法，讨论的过程中要尽可能清晰地表达自己的想法，同时尽可能减少带入个人情感，要学会抽象理解讨论过程中产生的逻辑。

2. 快、准、狠——只做核心玩法中最核心的部分

一款游戏往往由多个部分组成，一般情况下会将游戏的"核心战斗"部分和"系统功能"部分拆开。竞技游戏中最重要的部分永远是"核心战斗"，核心战斗是决定一款竞技游戏可以走多远的重中之重。核心玩法其实也是由多种部分组成，要考虑如何将核心玩法像剥洋葱一样层层剥开，只看最核心的部分。

举个例子，笔者在设计《三国翻翻棋》时，团队会先对游戏进行精确定位，因为只有明确自己的产品和其他相似产品的差异之处，才能拿捏与把握核心玩法的各个维度。

	《斗兽棋》	《象棋翻翻棋》	《三国翻翻棋》	《军棋翻翻棋》	《炉石传说》
单位类型数	8	7	?	12	300+
单位数量	8	12	?	25	2000+
平均游戏时长	120秒	60秒	?	300秒	480秒+
棋盘大小	4×4	4×9	?	5×12	N/A
策略深度	1	2	?	4	10
上手难度	简单	简单	?	中等	难

▲《三国翻翻棋》在同类型游戏中的定位

笔者希望将《三国翻翻棋》定位在《象棋翻翻棋》和《军棋翻翻棋》之间，给玩家带来的体验要求是感觉到比《军棋翻翻棋》刺激，但在单位数量和棋盘大小上要缩小规模，同时又不能比《象棋翻翻棋》的策略简单。因此，经过团队的反复讨论和相互妥协，暂定《三国翻翻棋》核心玩法的特征如右图所示。

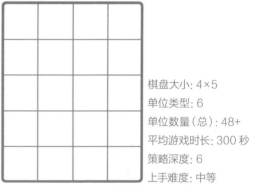

棋盘大小: 4×5
单位类型: 6
单位数量（总）: 48+
平均游戏时长: 300 秒
策略深度: 6
上手难度: 中等

▲《三国翻翻棋》的核心玩法特征

当对游戏的核心玩法进行了初步定位之后，就可以开始进行核心玩法中的单位、地图和机制等一系列的设计，在后续的章节笔者会继续介绍《三国翻翻棋》的设计过程，此处只是为了向读者说明如何对游戏的核心玩法进行大致定位，以方便设计师团队拿捏游戏各个维度上的火候。那么如何去理解其他游戏的核心玩法，甚至自创一个全新的核心玩法呢？请看下一章的内容。

第 2 章

竞技游戏立项

事半功倍是人们在开始任何一件事情之前都希望达到的目标。所谓好的开始是成功的一半，因此在游戏项目中，立项往往是第一个也是最重要的环节。在立项的时候，我们可以根据自己项目的实际情况，将未来可能面对的各种情况都提前考虑清楚——虽然这也许比较难，但却是在进行实际开发之前必须要考虑的事情。

2.1 竞品分析

"竞品分析"一词听起来，仿佛进入了市场营销的范畴，似乎并不属于"游戏设计师"的工作。其实不然，任何一个以做产品为生的人，都要对其针对的目标市场中的所有产品有非常清晰的认知，才能真正地找准市场需求。

前面章节中已经对《三国翻翻棋》和其他几个棋类游戏做了几个维度的对比，但这是远远不够的。立项初期，一般会从以下几个方面去分析竞品，从而见微知著地理解自己所要面对的市场。

2.1.1 市场

1. 明确目标市场

想了解游戏类型，非常简单，只需打开任意一个游戏下载网站，观察导航栏的分类即可，此处以国内的手游下载平台"应用宝"举例。

▲ 应用宝

应用宝将游戏分为休闲益智、网络游戏、飞行射击、动作冒险、体育竞速、棋牌中心、经营策略和角色扮演 8 类。从广义上来看，这样的分类满足了对所有游戏进行归纳的需求，但从狭义上来看，这样的做法又过于笼统，因为"融合型"玩法的游戏可以占据多个分类。

因此，更专业的方法是以核心玩法进行明确划分，所谓的明确，就是要做到一款游戏无法被多个分类归纳。笔者根据自己在竞技游戏领域的开发与运营的经验，将竞技游戏划分为如下 7 个类别。

▌即时战略类（real-time strategy，RTS）：代表作有《星际争霸》系列和《魔兽争霸》系列。

▌多人在线战术竞技类（multiplayer online battle arena，MOBA）：代表作有《DotA》《DOTA2》《英雄联盟》《王者荣耀》等。

▌第一人称射击类（first-person shooting，FPS）：代表作有《反恐精英》《穿越火线》《使命召唤 OL》等。

▌竞技卡牌类（trading card game，TCG）：代表作有《炉石传说》《万智牌》《昆特牌》等。

▌格斗类：《拳皇》系列和《街头霸王》系列等。

▌棋牌类：《斗地主》等。

▌体育竞速类：《极品飞车》《FIFA》《实况足球》等。

根据 2017~2018 年的市场来看，虽然是以 FPS 游戏为基础进行开发，但以《绝地求生》为主的"生存类"游戏正愈演愈烈地成为一个全新的品类，也聚集了许多产品。同样，休闲竞技游戏原本只是一个初级的小众市场，但经过《球球大作战》《贪吃蛇大作战》《野蛮人大作战》等游戏的洗礼后，各种"大作战类"的小游戏也越来越成为一个不可忽视的全新品类。

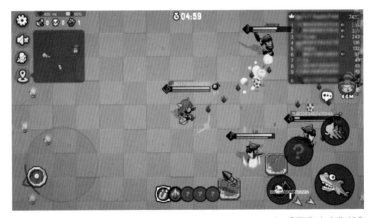

▲《野蛮人大作战》

明确了市场划分之后是否就可以立即根据自己的判断选择一个品类市场进入呢？不，还要看该市场是已经饱和的"存量市场"，还是蓄势待发的"增量市场"。

2. 存量市场或增量市场

▌ 存量市场：目标市场中的玩家已经普遍接受并投入固定时间与金钱。
▌ 增量市场：目标市场中的玩家仍然在尝试接受但尚未投入固定时间与金钱。

这样的描述看起来很拗口，举个例子就能轻松理解。

观察 2017 年一整年会发现，MOBA 市场以《英雄联盟》《DOTA2》《王者荣耀》等游戏牢牢地锁住了绝大部分的中国电竞玩家，此时任何一款新进入该市场的 MOBA 游戏，都要与上述几款游戏抢夺用户。显而易见的是，由于已经很难再从非 MOBA 玩家中获得新用户，此时的 MOBA 市场就是典型的"存量市场"。而 2017 年的另外一个现象级产品《绝地求生》则通过颠覆式的创新玩法开辟出了一个全新的"生存游戏"品类。因此在 2017 年，大量的生存类游戏新玩家通过各种渠道涌入，从而造就了《绝地求生》在 Steam 平台上日均新增下载 7.6 万次的神话——即使该游戏一直被各种 Bug、服务器问题、外挂屡禁不止等奇怪的问题困扰，但因为其面对的是增量市场，在没有同类产品快速跟进的情况下，依然取得了骄人的业绩。

在广义的百货行业中，往往会以红海和蓝海来对应存量市场和增量市场，这样的定义从宏观上来看也许并没有太大问题，但是在实际操作中要明白另外一个现象。红海和蓝海并不是绝对的，准确的产品定位加上高明的营销方法，就能把红海变蓝海；反之，当我们发现一个新蓝海，怀揣兴奋开始埋头苦干，吃了很多苦，踩了很多坑，迈着沉重的脚步走过来，再次抬起头观察市场时却会发现，当初的蓝海，现在可能已经是浩瀚红海。

笔者在 2014 年判断，MOBA 游戏注定要手游化，MOBA 手游会成为一个全新的增量市场，不出所料，2015~2016 年果然迎来了 MOBA 手游的集体大爆发，大量的非 PC 端 MOBA 游戏的玩家涌入移动端体验 MOBA 游戏。但由于经验和资源等一系列主观与客观问题，等到我们 2016 年第 4 季度准备正式对外发布产品的时候，却发现 2014 年的增量市场，早已成为了存量市场。在 MOBA 市场中，想从已经非常火爆的游戏里抢夺用户，是难上加难的事情，因为《王者荣耀》已经成为行业寡头，难以撼动。

3. 市场占有率分布，是否存在寡头级产品

所谓的"行业寡头"，是指具备垄断特征的系列产品，其在整个市场内的市场份额非常之大，大到已经超过一半以上，由于竞技游戏又是典型的互联网产品，因此"马太效应"（Matthew effect，是指强者愈强、弱者愈弱的现象）尤其明显。在互联网产品中，体现马太效应的案例屡见不鲜，比如常用的社交工具 QQ、微信，还有电商里的淘宝、天猫和京东等，一开始都是相互竞争，但随着竞争结束，最后的赢家都将对市场进行"垄断"，

通吃该市场下绝大部分利益。《王者荣耀》就是马太效应的典型案例，《王者荣耀》是当时所有 MOBA 手游产品中偏后上线的，但依托其优质的产品研发线和基于腾讯社交产品体系的运营能力，后来居上，用 2016 年一年的时间超越了所有竞争对手，并在 2017 年占据了整个 MOBA 手游市场 95% 以上的份额。根据 2018 年年初的媒体报道，《王者荣耀》在 2017 年一年的收入达 300 亿元，这便是典型的寡头垄断后产生的规模化效益。

当面对已经产生寡头的市场时，作为后来者，一定要非常慎重地选择是否"入场"。市场中产生寡头，往往也意味着市场已经成为存量市场，此时获得增量的难度会非常大，必须拥有领先于寡头至少一代以上的产品，以及强大的运营能力和资金储备作为后盾，才能拥有颠覆寡头市场的一丝机会。

但是任何事情都有可能性，当我们有幸发现了一个增量市场，而拥有更多资源的巨头尚未察觉或布局时，就可以根据自己的实际情况，谋划提前进入市场。此时，最重要的就是产品，那么又该如何去做产品分析呢？

2.1.2 产品体验

本书的主旨是产品设计，而游戏产品成功的关键在于核心玩法的设计，所以在本书的"核心玩法"章节中，笔者会地站在游戏设计师的角度事无巨细地剖析核心玩法的设计过程，在本小节中，先以"专业玩家"的角度去评价游戏在核心玩法之外的其他部分。一般情况下，会以上手难度、可玩性、视觉效果、流畅度、交互流程和更新频次等 6 个维度去对一款已经上线（或者即将上线）的产品做调研分析。那么接下来，就逐一深入了解这些维度，从而做到更理性、更透彻地去深入调研竞争对手的产品。

1. 上手难度

上手难度之所以被排在第 1 位，是因为在面向更广泛的用户时，游戏的上手难度对任何一款游戏而言都是双刃剑。如果处理得当，该维度就能大幅提升游戏的受众面；反之，则很有可能让玩家在即将更深入地体验游戏核心乐趣之前就浅尝辄止。这是游戏设计师最难驾驭的部分，也正因为如此，暴雪公司发布的所有游戏都有一个共同的特征：易于上手，难于精通。这已经成为暴雪游戏深深的烙印，被刻在了暴雪公司位于加州开发园区的兽人石碑上。

▲ 暴雪公司在美国加州园区的雕塑

所谓的易于上手，是指玩家可以很快地"进入角色"，进入沉浸式的游戏过程中。一般体现为两个关键点：代入感是否强烈，以及游戏机制是否易懂。代入感做得好与坏是指是否能让玩家立即进入到游戏设计师所营造的游戏气氛中。代入感做得好的游戏，能让玩家迅速将注意力集中到游戏上，而对其周遭的其他环境敏感度变低。玩家往往很享受这种感觉，这也是所有娱乐产品共同要为消费者们提供的终极体验。

举两个例子。一个是 2004 年《魔兽世界》第一次发布时的开场动画，史诗感的音乐，配合极富磁性的女低音说出"自从联盟和部落并肩作战，共同抵抗燃烧军团的入侵，已经过去了四年……"——所有的暴雪粉丝在此刻都热血沸腾，迫不及待地想要进入游戏，体验《魔兽世界》的故事。另一个是电影《敦刻尔克》在开头时使用怀表的"嘀嗒、嘀嗒"声，将当时局势的紧张感传达给了屏幕前的观众，刚刚坐定的观众的心一下子就被配乐给带了起来，这是导演诺兰多次在其电影中使用的招数。

▲《魔兽世界》CG 片头

当游戏抓住了玩家的注意力之后，玩家就已经迫不及待地想要了解游戏的核心乐趣了。人的左脑控制感情，那么代入感强的游戏此时已经充分调动了玩家的左脑，但代表理性的右脑仍处于"迷离状态"，此时就要看游戏的机制能否让玩家快速理解。就好像悬疑推理的故事往往都在第1章抛出悬念一样，玩家此时便需要一个"逻辑的钩子"，把理性思考带动起来。

游戏的玩法往往都是由非常复杂的逻辑组成的，笔者一般使用"推理"的常用模式去类比游戏逻辑给玩家的展现方式。玩家要解决什么问题？谁能帮助玩家解决问题？解决问题的线索在哪里？

来看看《炉石传说》是怎么做的。

问：玩家要解决什么问题？

答：消灭对面的敌人。

问：谁能帮助玩家解决问题？

答：手中的卡牌。

问：解决问题的线索在哪里？

答：计算敌我双方卡牌的各种数值。

▲ 《炉石传说》的战斗界面

《炉石传说》中的每一局都是这么做的，玩家的操作在这个极度简单的大逻辑中不停地循环重复，而深度就在于卡牌的数量，数量越大、属性越复杂，可能性也就越多——可玩性也就越高。

2. 可玩性

竞技游戏的魅力就在于"简单的规则，超高的可玩性"，一款游戏的可玩性由其核心玩法决定。对于竞技游戏而言，影响其核心玩法的元素很多，在本书的其他章节会详细介绍，此处讲述关键的部分，即随机性、策略性和刺激性。

随机性是指游戏中带给玩家的可能性数量，这话有点拗口，通俗来讲就是"尽可能地让玩家不知道下一秒会发生什么"，这和侦探推理小说带给读者们的感觉一样，不看到最后不知道结局是什么。竞技游戏更要如此，比如《王者荣耀》中，你不知道哪个草丛里会冒出人来，也不知道一场比赛前敌方会选择什么英雄。

▲《王者荣耀》的草丛

在《炉石传说》和《斗地主》中，玩家不知道自己对手的手牌到底是什么，这极大地影响了对局过程和对局结果的不确定性——讲到此处有些读者或许会有意见，牌类游戏可以通过计算而推测出对手的底牌和出牌方式，怎么能说不确定性呢？这其实是游戏核心机制留给玩家的策略性体现。

▲《欢乐斗地主》的战斗界面

随机性和策略性，看起来好像是完全对立的两个名词。策略是以个人主观能动性为主导的逻辑判断，需要人在面对矛盾时，通过分析产生矛盾的过去和现状，做出决策，从而影响矛盾的发展。而随机则是概率的表达，指的是不受任何客观因素干涉的一种不稳定状态。在本书的核心玩法章节中，会详细解释随机性和策略性的交融方法，此处只表达结果，即一款充满可玩性的游戏，必须要尽可能地让玩家面对更多的未知情况，同时，也要让玩家可以通过逻辑判断尽可能地影响未知情况所发生的概率——这是典型的博弈论的话题，也是竞技游戏之所以能让如此广泛的玩家所热衷的根本原因。只不过，不同的游戏，随机性和策略性的占比是不同的，这也导致了其所针对的玩家人群是不同的。

最好的例子就是经典的《中国象棋》和《象棋翻翻棋》。《中国象棋》几乎没有随机性可言，对战的结果完全由对战双方的逻辑能力决定，对战双方通过"套路"互相制衡；而同样使用象棋棋子的《象棋翻翻棋》则完全不同，对战双方从对战开始就需要处理巨大的不确定性——谁执黑、谁执红是随机决定的，每翻一个棋子，也会极大地影响局势的发展。《军旗翻翻棋》对《军棋》核心玩法的改造亦是如此。

 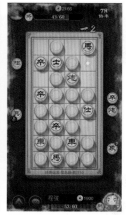

▲《中国象棋》　　　　▲《象棋翻翻棋》

3. 视觉效果

在商业社会中，包括娱乐性产品在内的所有产品，都是商品。只要是商品，都需要其"卖相"上乘，这是因为"高颜值"的产品总能获得人们更多的青睐。游戏产品也是一样的，一款游戏的视觉效果就是它的卖相。那么视觉效果怎么才算是好的呢？

笔者认为，如果读者的目标是成为一个合格的"游戏设计师"，那么除了拥有极强的逻辑思维能力之外，还同样需要较强的审美能力。这并不是要求游戏设计师亲自动手绘制，而是希望游戏设计师至少知道什么是丑的，什么是美的。要注意不是以个人的标准去评判，而是学会站在具体的目标市场去品评，去思考目标用户的喜好是什么，什么样的视觉表现更容易被接受。除了站在用户的角度去理解之外，还要思考什么样的视觉效果更容易表达出所要传达的游戏内容。

《DOTA2》和《英雄联盟》，是两款"水火不容"但同属于 MOBA 的游戏。《DOTA2》面对的是《DotA》时代积累的玩家，在《DOTA2 上》线时，《DotA》的玩家普遍已经参加工作，年龄层已经相对较高，也相对成熟，因此《DOTA2》的画面饱和度整体较低，英雄的设计也较为写实——实际上这与 Steam 平台的用户属性也有一定的关系。

▲ 《DotA》

▲ 《DOTA2》

▲ 《DOTA2》的英雄展示画面

　　《英雄联盟》的目标市场则大不相同。《英雄联盟》在发布时针对的是年龄层相对较低的玩家（虽然这部分人群现在也已经长大），较高的饱和度和极具漫画感的人物设计更能迎合这部分玩家的视觉习惯。

▲ 2017 年《英雄联盟》全球总决赛

　　《王者荣耀》诞生时，又开始迎合新的审美方式。《王者荣耀》面对的是比《英雄联盟》更低龄的玩家群，因此其题材用的是中式古风，设计风格以韩式的丰富细节为主，更注重服饰的花纹与材质，色彩饱和度更高，动作也更可爱。

▲ 《王者荣耀》的英雄展示界面

所以，当我们去调研一款游戏产品时，一定要站在该产品所面向的市场人群的角度去考虑是否符合目标用户的审美。比如网易在2017年下半年出品的《决战平安京》，玩法几乎和《王者荣耀》一样，也是MOBA手游，但《决战平安京》明显对市场的划分更细致，着重针对的是网易出品的另外一款爆款游戏《阴阳师》。

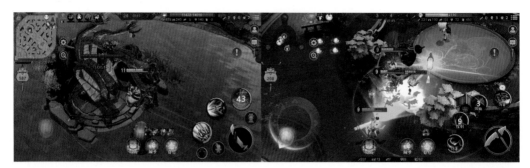

▲《决战平安京》

为了对抗《王者荣耀》，网易在推出《决战平安京》的同时出品了另外一款产品《非人学园》，主打二次元动漫风格。

▲《非人学园》的角色

上述这些产品在视觉表现力上都做到了对应风格的极致。因此，游戏设计师要对各个艺术风格的表现方式有充分的涉足和理解，要知道怎样的标准才是各个风格的最优表现力。之所以用"最优"而不是"最好"，是因为游戏画面固然极其重要，但如果为了打造画面，而忽视了游戏体验中的流畅度，就得不偿失了。

🖐 4. 流畅度

游戏的流畅度包括两个方面，一方面是帧数，另一方面是游戏体验流程的连贯性。帧数又称FPS，不管在任何硬件平台，FPS都至少要保持在30帧以上，最好是60帧。如果是PC上的FPS，要在144帧甚至更高——这对游戏研发的优化要求非常高。关于帧数上最出名的案例当属2017年异军突起的"负优化"《绝地求生》，由于《绝地求生》在立项时非常匆忙，研发团队的经验有限，所以导致《绝地求生》的各项优化非常糟糕，大部分玩家的电脑在运行时甚至无法稳定在30帧，这迫使玩家要么放弃游戏，要么添置新的硬件。但由于《绝地求生》实在是过于火爆，反而在PC硬件市场上掀起波澜，最明显的表现就是显卡价格和内存的平均价格在2017年年中时突破了历史新高点。

尽管《绝地求生》的FPS流畅度非常糟糕，但从游戏体验的连贯性来讲，在没有其他Bug或外挂的影响时，每一局战斗的节奏确实做得非常连贯，紧张刺激做到了竞技游戏中的极致。也正因为如此，玩家才纷纷不惜花费真金白银也要提升硬件来体验《绝地求生》。

核心战斗的节奏设计是游戏中非常重要的设计环节。关于战斗节奏的设计，本书的后面章节会详细介绍，此处要说明的是战斗节奏设计最基础的要素——不要以任何方式硬性地打断核心战斗的流程。这就好比下棋，对局双方最讨厌的就是下棋时旁边有人瞎掺和，因为旁边的观众会影响对局的流畅度，所以才有"观棋不语真君子"的说法。这在竞技游戏中体现为对战的过程中是否有弹窗、无法操作、不必要的提示等一系列打断游戏进程的问题。

保证游戏体验的连贯性不仅仅在核心战斗的设计中是基础要素，在系统功能的整体体验，也就是游戏交互流程上也颇为重要。

5. 交互流程

游戏的交互流程，是指玩家双击桌面图标、进入游戏中的各项功能、进入战斗、结束战斗等各个系统之间的操作连贯性。关于交互流程的设计在本书的其他章节会有详细介绍，此处只介绍最重要、最基础的两个标准。

· 要让玩家清晰地知道自己处于流程中的哪个位置。

· 玩家想要去流程中的任何位置时，可以清楚地知道自己该如何前往。

🖲 6. 更新频次

调研竞品时，除了以上的各项维度之外，还有一个重要的维度也同样决定着产品的生命周期，即该产品在上线之后的更新频次。在移动端，对更新频次的要求往往高于 PC 端，特别是在游戏上线初期。

产品的更新又分为两种，一种是游戏内容更新，比如新增道具、英雄和皮肤等；另一种是游戏程序的更新，比如解决 Bug 或者提升程序稳定性。根据经验来看，游戏内容和游戏程序的更新最好同时进行，玩家总是对新内容产生好奇心，会想要体验新内容，但对没有新内容的更新会较为排斥。

比如《王者荣耀》和《皇室战争》，这两款游戏曾经至少每两周就更新一次内容，并且保持了将近一年的时间，这样高频次的内容更新让玩家始终对游戏保持着新鲜感，促进了游戏的长期留存。

2.1.3 游戏资源

如果你的志向不仅仅只是做一名游戏设计师，更希望能成为一名游戏制作人，那么在立项时所要考虑的就需要更全面一些。在团队协作的过程中，学会换位思考也是非常重要的，有时候，游戏设计师总是希望获得无限大的资源，但资源始终是有限的。

任何商业游戏（包括独立游戏），设计以及开发它的参与者，最终的诉求都是从中获得应有利益，所以游戏仍然是以商品形态面向市场赚取其交换价值。作为商品，就需要拥有向人们展示的机会和出售的渠道，在互联网产品中，称其为"流量"。

即使在同一个公司，负责获得流量的部门往往也与负责研发的相互独立，因此游戏的研发与销售总是会产生分歧。现如今，由于互联网的发展已经进入成熟期，进入了存量市场，所以流量的获取已经越来越昂贵。我们在做竞品调研时，要看目标市场中的竞争对手是否拥有比自己更强大的流量获取能力，如果对手在这个方面的能力非常强大，那么即使你的产品做得非常好，也很难在竞争中获得强势位置，所以要尽可能地在目标市场中避开这样的对手。

在市场竞争中，最占据优势地位的不过于"左手产品，右手渠道"，两手抓，两手都要硬。而除了获得流量的能力之外，还有一个非常重要的方面即自己所拥有的各项资源是否能与竞争对手相比较，比如研发资金、研发人员储备和团队的整体经验等。如果是一个较为庞大、较为复杂的大中型产品研发，每个环节都不可缺失，应用"短板理论"，木桶的容积由最短的板决定。如果是增量市场，往往比的是最长的板；反之，在存量市场中，由最短板决定。

所以，任何一名梦想成为游戏设计师或者游戏制作人的读者，在判断自己是否可以进入某个市场时，要充分地考虑目标市场的整体环境，以及直接驾驭的各项资源是否充足而稳定，否则匆忙立项，往往就是九死一生、铤而走险。

2.2 撰写 GDD

立项一款游戏并不是那么简单的，当通过竞品调研决定了目标市场，以及大致想清楚了核心玩法等细节后，需要退一步，站在更高的地方，去梳理出一份简称 GDD 的文档。

撰写 GDD 的目的不仅是帮助自己完善游戏的各个部分，还可以让未来要合作的各方，在合作之初就知道游戏的大致框架，了解它最终可能会成为的样子。

GDD，是 game design documents 的缩写，通俗来讲就是"游戏设计大纲"，一个完整的游戏设计大纲是较为复杂的，内容非常全面。

任何一款新游戏，往往都是从灵感开始的，只不过灵感是千千万万的，如何让好灵感"落地"，最终执行出来，是需要我们思考和努力的。GDD 就是第一份"战略规划书"，需要包含目标市场、题材与矛盾点、视觉表现方向、描述核心玩法、技术筹备和盈利预期等部分。下面，笔者以自己主导并设计的《三国翻翻棋》为例子说明如何撰写 GDD。

2.2.1 目标市场

问：游戏到底针对哪部分的市场？首选硬件平台、游戏类型和什么类型的玩家？

此处要描述得尽可能地具有针对性，一般分成如下小段，尽量始终用"短语"进行描述，切忌写得非常复杂。写得很复杂，表明其实你并没有想得特别清晰。

答：《三国翻翻棋》首选移动设备中的 H5（HTML5）平台（网页游戏）。游戏为休闲竞技类，主打轻松、碎片化的游戏方式。对《象棋翻翻棋》《斗兽棋》《军棋翻翻棋》等棋类游戏比较熟悉的玩家是目标用户。

问：目标市场规模是怎样的？同类或相似产品大致有多少个？是否存在寡头？大致下载量如何？如果有 DAU（日活跃用户数）或 MAU（月活跃用户数）的数据更好。

描述市场规模时，尽量以数据呈现，这样有助于帮助撰写者厘清市场，同时还能让其他阅读此文档的合作伙伴对目标市场有更准确的认知。

答：目前在应用宝市场中有 50 款以上与翻翻棋玩法相同或相似的产品，其中腾讯出品的《天天象棋》和《军棋翻翻棋》的下载数量较为领先。

▲《军棋翻翻棋》60 万次下载　　　　　　　▲《天天象棋》7552 万次下载

在社交小游戏平台"开心斗"和"同桌游戏"中，《斗兽棋》一直是热门游戏。

▲ "开心斗"和"同桌游戏"平台

问： 同类或相似玩法的游戏的流行程度是怎样的？它们又是怎样设计的？

此小节要对前文所表达的市场调研进行总结，大致描述竞品的游戏玩法。

答：市面上已有的翻翻棋多以军棋、象棋和斗兽棋等传统玩法的改进为主，通过《军棋翻翻棋》和《天天象棋》中的翻翻棋玩法，以及《斗兽棋》多年以来对玩家的培育，以"暗棋"和"比大小"方式为主的翻翻棋玩法已经成为一种较为广泛的休闲竞技玩法。

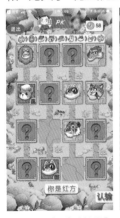
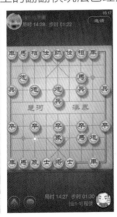
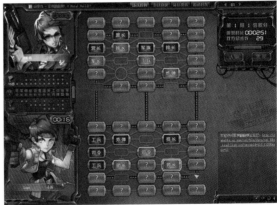

▲《斗兽棋》　　　▲《三国翻翻棋》　　　　　　　　　▲《军棋翻翻棋》

问： 目前进入市场的时机是否合适？

此小节一定要从流量的趋势切入，切记不要写"假大空"的话，如果无法找到渠道切入点，则说明此时并不是很好的入场时机。

答：在 2018 年，H5 游戏会迎来一波爆发期。微信小程序开放游戏品类，"手机 QQ""同桌游戏""开心斗"等社交平台对精品 H5 游戏的需求量激增。随着"00 后"玩家成年，玩家对碎片化的需求进一步增强，对翻翻棋玩法的认知程度也逐步加强。

▌问：把产品推向市场的最迟时机是什么时候？

游戏制作人要对市场的时机做出一定的预测。

答：玩家对过于简单粗糙的 H5 小游戏玩法产生边际效应时，约在 2018 年第 1 季度。

2.2.2 题材与矛盾点

▌问：游戏题材是什么？是中式武侠，还是东方魔幻？

游戏题材是增强玩家代入感最重要的因素之一，此小节首先表达对目标市场的总结性判断，然后分析目标市场的用户属性，并做出题材决策。目标市场的用户年龄段、男女用户占比，以及用户更喜欢什么样的电影和电视剧都可以分析。

答："开心斗"和"同桌游戏"平台的用户群在 13~25 岁，男女比例大致为 1 : 1。根据优酷的目标用户画像，《琅琊榜》《军师联盟》《三生三世桃花开》是在该年龄段用户中较为流行的电视剧作品。

以三国题材为基础，对其形象加以现代化的改造，使其更符合"00 后"的欣赏习惯。

▌问：游戏的背景故事大致是什么？参与对战的各个方面到底是为了什么而互相博弈？

休闲竞技类游戏与角色扮演类游戏的背景有所不同，竞技类游戏的背景故事往往较为单薄，也更单刀直入。此小节需要以极其概括的方式直接传达。

答：两个现代社会的小孩，通过 AI 将三国的各个角色在计算机中复活，并将这些角色作为对弈的棋子，通过翻翻棋的形式决定胜负。

2.2.3 视觉表现方向

▌问：视觉表现方向是卡通，还是写实？

卡通和写实的决策要依据目标市场和游戏玩法决定。

答：《三国翻翻棋》是休闲竞技类的 H5 小游戏，主要依托"微信小程序""手机QQ""开心斗""同桌游戏"等平台，因此要用休闲、明快和轻松的卡通风格。

▌问：色彩饱和度大致是怎样的？

此处要结合其他游戏分析，表明游戏的色彩丰富度、饱和度和明度等。

答：《黎明杀机》游戏使用极度阴暗的色调，将恐怖感渲染到极致，《守望先锋》中的大部分画面明度较高，《绝地求生》的游戏亮度中规中矩。

▲《黎明杀机》

▲《守望先锋》

▲《绝地求生》

▌问：角色是"几头身"？是以轮廓设计为主，还是以角色内部的细节设计为主？

答：《三国翻翻棋》里使用卡通头像作为棋子，以角色内部的配饰细节来表达角色形象。

2.2.4 描述核心玩法

▌问：战斗中的单位是什么？

核心玩法中"单位"的概念会在本书的其他章节进行详细解释。此小节要表达的是玩家在游戏中可以控制的"个体"，并对个体进行具体化的描述。

答：将三国中的各个角色抽象成为《三国翻翻棋》中的棋子，每个棋子通过职业、血量和攻击力 3 个属性的划分来定义。通过攻击方式和移动方式，将职业分为战士、法师、射手、肉盾、刺客、和 BOSS。

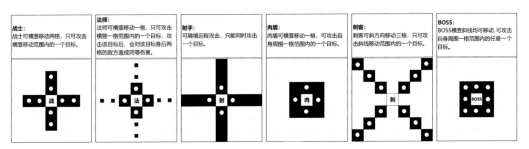

▲ 每个职业的移动方式和攻击方式

▌问：战斗中的资源获取方式是什么？

所谓资源获取方式，在本书的其他章节也会有详细解释和介绍，在 GDD 的撰写中，此小节要表达的是玩家是如何获取游戏资源的。比如《英雄联盟》中的英雄是靠现实货币或虚拟货币购买所得，而《炉石传说》的卡牌则是靠"扭蛋机制"获得，《DOTA2》中的英雄则是免费开放给所有玩家的。

答：《三国翻翻棋》中的游戏资源免费开放给玩家。

▌问：随机性和策略性如何体现？

随机性和策略性在本书的"核心玩法"章节中会详细阐述，本小节要以最概括的语言提炼随机性和策略性的流程，大致需要描述如下部分。

· 地图的机制和尺寸。

· 是回合制还是同时操作。

· 游戏中所有互动单位的数量。

· 进入战斗后，对局双方可操作的游戏单位数量。

· 单位的属性是如何改变的。

答：《三国翻翻棋》的棋盘为 4×5 的格子，采用和传统翻翻棋同样的回合制操作机制，游戏中包含 50 个棋子，战斗中双方可操作的棋子为每方 10 个，单位通过攻击方式和移动方式的区别，在每次战斗时根据攻击力和血量产生改变。

▍问：玩家在每一局中的战斗时长和战斗节奏是如何设计的？

要根据目标市场的用户习惯，对游戏的核心战斗时长进行明确的规划，并表达出在大概什么时间进入对战的激烈部分。此小节尤其重要，因为基本上描述了游戏核心战斗的流程。

答：战斗的双方为蓝方和红方，从 50 个棋子中随送机出 20 个，红蓝双方各占 10 个。战斗开始时，棋子盖在棋盘上，通过"石头剪刀布"的方式决定谁第一个翻棋，第一个翻棋翻到的棋子颜色，决定双方的执棋颜色。

除了战士之外，其他职业的棋子每个回合只能在翻棋、移动或攻击中选择一个进行动作，可以在一个回合中同时攻击和移动是战士的职业特色。随着越来越多的棋子被翻开，以及越来越多的棋子因被攻击而扣血，棋盘上留下的棋子越来越少。《三国翻翻棋》通过"累计各方得分"来控制战斗时长，一方吃掉另一方的棋子后即可获得一定的得分，战斗中优先达到某个分数的一方，即可获得胜利。战斗预计时间为 3~5 分钟。

▍问：玩家在战斗中的成长线是如何规划的？

根据游戏类型的不同，战斗中的成长线是核心玩法中非常重要的组成部分。比如 MOBA 游戏中的英雄等级、技能解锁和装备积累是游戏单位的成长线，还有一条成长线是逐个击破对方的防御塔和打野怪等，这是玩家们在局势上的成长线。需要注意的是，并不是所有竞技游戏都需要有游戏单位上的成长线，但一定会有局势上的成长线，否则该游戏将毫无博弈感和策略性可言。

答：《三国翻翻棋》中的游戏单位血量会在攻击中逐渐减少并消失，要思考如何通过更好的移动与攻击等搭配，尽可能地吃掉敌方的棋子后累计得分。

2.2.5 技术筹备

▍问：采用什么游戏引擎？

如何选择游戏引擎会在其他章节中详细说明。

答：因为《三国翻翻棋》选用面向移动端的 H5 平台，所以使用白鹭引擎开发。

▍问：对战中对网络的同步要求是怎样的？

答：因为《三国翻翻棋》选用是回合制的棋类游戏，因此对双方的网络同步要求并不高，平均延迟控制在 100 毫秒左右即可接受。

▍问：机器人的设计方式是什么？

对战类竞技游戏由于种种原因，一定要事先考虑好机器人的实现方式。一般情况下，大部分的竞技游戏都使用行为树的表现方式，随着人工智能发展，采用人工智能机器人方式的情况也越来越多。

答：《三国翻翻棋》使用行为树进行控制，旨在玩家同时在线数量不够、玩家连续失败或连续胜利时，控制玩家的胜率。在之后的版本中，使用人工智能也是很好的选择。

2.2.6 盈利预期

GDD 的撰写，除了可以帮助自己厘清思路和使团队在前期达成共识之外，还有一个重要的用途是说服资金投入。游戏的资金提供者 100% 是为了实现盈利，因此作为游戏制作人或设计师，要提前想明白你设计的游戏如何给投资人带来收益，并准确地表达出来。

▌ 问：你所能直接调动的流量是什么规模的？

前文提到过，"左手产品，右手渠道"，此小节要描述你所能调动的渠道，哪怕只是很小的微信群或班级 QQ 群等。

答：某日活跃用户数 120 万的社交软件作为首发渠道。

▌ 问：预计 ARPU 值是多少？

ARPU 是 average revenue per user 的首字母缩写，意思是平均每个用户为产品提供的收入值。ARPU 值是决定游戏是否可以实现盈利的重要参考指标，根据游戏类型的不同，要对 ARPU 值进行谨慎预测。

答：作为高活跃、低 ARPU 值的游戏，预计 ARPU 值为 1 元左右，付费率为 15% 左右。

▌ 问：预计团队规模多大？不同岗位的占比分别是怎样的？

主要对策划、美工和程序等研发岗位进行大致的规划。如果你没有相关类型的研发经验，撰写此处时就要尽可能谨慎，最好请教拥有同类产品研发管理经验的人，否则此处如果撰写得不够准确，很有可能导致执行时漏洞百出、捉襟见肘。

答：设计并开发《三国翻翻棋》需要前端程序员 1 名、后端程序员 1 名、UI 设计师 1 名（可外包）和策划 1 名。

▌ 问：预计研发周期是多久？大致预算是多少？

研发周期管理是非常重要的环节，如果此环节不顺畅，产品就无法如期上线，团队也会被不断拖延的周期折腾得精疲力尽，更严重的会导致项目流产，后果不堪设想。所以在 GDD 中，此处的评估最好与团队内部的其他成员，或者拥有相关经验的管理者详细讨论得出。

答：预计研发 3~4 周后即可最小规模发布（所谓最小规模发布，是指产品只做好核心部分就面向玩家发布），而后每周至少进行一次更新，大致预算为 10 万元。

至此，一份简略的"游戏设计大纲"就初步撰写完毕了，厘清基本思路、锁定目标市场、设计核心玩法、安排游戏题材、确定视觉表现方向等，都与游戏结果息息相关，虽然每一条都很简单，却可以在游戏从创意到执行的过程中产生巨大的推动力。但这仍然是"纸上谈兵"，任何战略战术的执行，都离不开人，只有团队中的每个人都各司其职地按照既定的安排去落实自己的工作，才能真正意义上让产品落地。

2.3 组建团队

项目和团队都不是必须在一开始就要有的，相对于核心玩法来说，这些都可以在后期解决。快速验证核心玩法，才是一个产品在执行时的重中之重，无论是立项还是组建团队，都要以此为最重要的目标。

组建团队是一个非常大的话题，并且难以通过文字表达清楚。

根据游戏类型的不同，游戏的设计与开发对于团队的规模要求可大可小。比如风靡全球的《我的世界（Minecraft）》，从设计到制作都是马库斯·佩尔森（Markus Persson）一个人利用业余时间完成的。他在瑞典成立 Mojang 公司时，整个公司只有他一个员工，甚至当《我的世界》在 Steam

▲《我的世界》

上发售时也只有他一个人。但这并不妨碍《我的世界》成为全世界最风靡的沙盒类游戏。

在 2017 年出尽风头的《绝地求生》，其设计师布兰登·格林（Brendan Greene）最早产生"大逃杀"玩法的念头时，也是一个人在巴西的出租屋内独自开发《武装突袭 2》的 MOD，极富创意的核心玩法一下子就在《武装突袭 2》中流行起来，然后布兰登·格林才逐渐加入各个游戏研发团队，陆续开发了包括《H1Z1》在内的若干个"大逃杀"类型的游戏后，他才最终在韩国蓝洞（Bluehole）游戏研发公司中主导开发了《绝地求生》。

虽然暴雪公司一直是以"大制作"著称，但在暴雪内部一开始产生《炉石传说》的游戏创意时，也只有 2 名游戏设计师主导，直到后来核心玩法在暴雪内部逐渐流传开来，让一些员工欲罢不能之后，暴雪公司才为《炉石传说》项目投入更多的人力资源，帮助项目在视听表现和程序稳定性上达到了世界级品质。

▲《炉石传说》开发团队

因此，如果你有一个无与伦比的、好玩的核心玩法，大可不必非要在组建团队后才进行游戏开发。学会自己动手，用前文所说的最简单的方法，去实现最核心部分的内容，就可以开始面向市场了，如果真的非常好玩，那么很快就会在各个游戏社区中流传开来。此时，一定会有人来帮你解决组建团队的问题，你的精力仍然可以聚焦在丰富玩法的工作上，大可不必为团队的事情操心。

但这是一个很理想化的，甚至是传奇化的故事。现实情况往往是我有一个很好的想法，就缺程序员了。面对这样的问题，不妨自己学习如何使用游戏引擎编程，先让自己在力所能及的范围内尽可能地实现自己的想法。然后，使用产生的结果去寻找志同道合的、对你的设计怀有认同感的合作者。

俗话说，一个人可以走得很快，但一群人可以走得更远。虽然一个人确实可以创造游戏开发的奇迹，但不可否认的是，这样的成功率低得可以忽略不计。大部分成功的游戏，都是由或简单或复杂的团队共同协作完成的，所以组建团队仍然是必须要完成的工作。一个传统的游戏开发团队往往由制作、策划、程序、美工、音频和项目管理 6 个工种组成。

▲ 有时一个团队更像是一个乐队

2.3.1 制作人职责

（1）落实游戏研发的资金，是最重要的事情。

（2）制定游戏的设计方向，并让其他岗位的人员明确游戏最终要呈现的样子，此时前文的"游戏设计大纲"就起到了关键作用。

（3）与其他岗位人员讨论并设置开发过程中的里程碑，并随时跟进，验收游戏开发过程中的阶段性成果。

（4）如有必要，要参与游戏运营人员对游戏推广和营销上的策略，跟进执行。

（5）在游戏面世之后，倾听并收集玩家反馈。

2.3.2 策划职责

（1）深度理解游戏的设计目标，明确知道该做出怎样的细节设计以达到执行目标。

（2）负责游戏各个功能的流程图、系统文档和交互文档的撰写。

（3）与程序员沟通，完成配置表的制定，并负责维护配置表。

（4）完成游戏内所有文字部分的文案工作。

（5）负责与程序员和美工等人员沟通，跟进并完成每个小功能的设计与开发。

（6）测试最终产出的功能是否完善，并检验实现结果是否满足设计意图。

2.3.3 程序员职责

（1）深度理解游戏的设计目标，选择或制定游戏程序框架。

（2）与策划沟通，深度理解每一个功能及细节的开发需求，并完成功能开发。

（3）评估完成需求的时间，并及时告知其他岗位的同事自己的开发进度。

（4）游戏测试人员根据需求，完成具体的测试任务。

2.3.4 美工与音频师职责

（1）深度理解游戏的设计目标，落实游戏的视觉风格和音频风格。

（2）根据需求，提供游戏中所需的角色、场景、界面、模型、动作、特效、背景音乐和音效等一系列与游戏视听表现相关的资源。

2.3.5 项目管理职责

（1）根据与各个岗位讨论而设定的计划，切分每个小阶段和小功能的排期规划。

（2）及时跟进每个功能的开发进度，并让团队内的其他岗位明确了解进度需求。

▲ 制作人

▲ 策划

▲ 程序员

▲ 美工与音频

▲ 项目管理

TIPS

　　根据项目的规模，每个岗位的人数又有所不同，规划是非常灵活的。如果是小规模的项目，可能不会分得如此细致，策划往往和美工是相同人员，甚至还会自己编写程序代码。如果是大规模的项目，每个工种都会交由不同的人，甚至上百人具体负责每一个细节的设计与开发工作。

2.3.6 游戏团队组建的趋势

　　眼下，竞技游戏正在呈现一种前所未有的、蓬勃发展的良好局面。曾经需要七年左右才会进行一次革新的竞技游戏市场，现在几乎每半年就会有一款全新玩法的竞技游戏流行于各个平台。在如此快速的迭代下，曾经只有依靠大公司、大团队才能设计并完成开发的核心玩法，现在依托着越来越成熟的游戏引擎，几乎成为人人都可以参与的"群体创造"型事件。

　　在这样的时代环境下，笔者认为，游戏的研发团队——特别是以创新核心玩法为目标的团队，或许应该将更多的目光锁定在如何建立并管理好一支 10 或 12 人以下的小规模团队上，因为只有这样的团队，才有可能真正地做到团队内的每个人都一专多能，互相促进，提高产品的迭代速度。

▲ 育碧旗下的工作室　　　　　▲ 《英雄联盟》的研发团队总部

　　以笔者的亲身经历而言，在存量市场中的游戏开发，往往需要庞大的研发团队和巨额的研发费用作为支撑，再结合富有经验的团队管理者，才能在已经竞争相当激烈的红海市场中占据一席之地。而当我们把视线转移到增量市场后，就会发现，快速出产品、快速试错、快速迭代，也许是迅速占据增量市场的最好选择。所以更灵活、更默契的小团队，将更适应现在及未来的游戏市场需求。

　　笔者曾经管理过一个超过 60 人的研发团队，由于缺乏管理经验，没有建立起有效的团队运转机制，导致一个好的创意并不能快速转化为"产能"，团队的工作仿佛永远无法消化完毕，最终错过了最佳的市场时机。这次的遗憾让笔者更加清醒地认识到——不要妄图通过招聘快速解决眼前的问题，而是要尽可能做团队实力范围之内的事情，过于求快、贪大，更容易导致团队和项目的崩塌。

　　现在，笔者以管理更灵活的小项目为主，往往一个项目从策划到程序再到美工，不会超过 5 人，这样的效率尤其高，团队一周即可产出一个多人对战的小游戏，然后根据市场反应，去决定是否需要继续投入。如果数据良好，则以原始团队为基础，谨慎地添加人手，使团队的成长更加稳健，项目的成功率更高。

▲ "小梦"团队

2.4 没有资金也能启动项目

　　这是一个敏感的话题，相信大部分有梦想的游戏设计师都会遇到"脑中万千思绪，一摸口袋空空"的尴尬局面。实际上，游戏行业的资金流动效率非常高，更多的时候反而是大量的资金找不到靠谱的项目，这在竞技游戏领域，尤其如此。那么要如何才能顺利地对接到资本方，又该如何拿到投资呢？

多数人认为"参加行业峰会""向投资方递名片，加微信"是有效的方法——这些确实也是解决问题的方法，但笔者作为"过来人"，要提出另外一条路，这条路也许不是最有效率的，但却是最灵活、最踏实的。

2.4.1 不一定要启动资金

首先，我们要再次认清一个现状，即在游戏领域，更多的时候是资金找不到好项目，而不是好项目找不到资金。理解这个命题后，就可以明了这其中的逻辑——只要你有靠谱的项目，就一定不用担心启动资金的问题。

那么，到底什么才是靠谱的项目？

在竞技游戏领域，这个问题非常简单。能让素未谋面的陌生人，在不通过任何其他外界影响的引导下，自觉自愿上瘾的游戏产品，就是好项目。

那么，做让人自觉自愿上瘾的游戏产品，一定需要一笔可观的启动资金吗？答案是并不需要。如果需要启动资金才能启动，说明游戏的设计师并没有真正意义上地将他所设想的游戏做到最简化的提炼，或者，并没有完全调动起个人的主观能动性。

TIPS

做游戏一定需要投资，但验证核心玩法，并不一定需要投资。

如果你从未参与过游戏开发，笔者的建议还是争取先进入一个相对成熟的团队，在团队中慢慢积累研发经验的同时，不断完善自己的游戏设计大纲。

任何一款游戏，都是由三大部分组成：游戏设计（逻辑）、程序开发（代码）、艺术呈现（美术）。这三大部分缺一不可，如果某一个部分不会，那就去学习。

2.4.2 如何验证核心玩法

竞技游戏验证核心玩法的方式、方法非常多。

如果你是一名《魔兽争霸3》《DOTA2》或《星际争霸2》的玩家，那么你对这些游戏中的"自定义地图"一定不陌生。有想法同时动手能力强的玩家早已在这些游戏中上传了大量充满创意和乐趣的游戏，经典游戏《DotA》就是从《魔兽争霸3》的地图编辑器中诞生的，而大名鼎鼎的《绝地求生》最早是《武装突袭2》中的一个 MOD 而已。这些游戏为了延长生命周期，同时为了丰富游戏社区的活跃度，再经过若干年的迭代，其提供的游戏编辑器都已经非常强大，这对想自己创造核心玩法的玩家而言，是非常好的初期验证自己想法的平台。

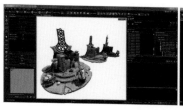

▲《DOTA2》地图编辑器

还有一种方式是直接从游戏引擎上制作，现在的游戏引擎的功能已经越来越完善了，并且往往都拥有大量的第三方工具给予更充分的支持。而越来越开放的社会环境，使得游戏的全套源代码也越来越多，这些源代码在游戏开发者中广为流传，你可以基于自己设计的核心玩法筛选这些源代码，基于别人的源代码进行改造，以达到快速验证核心玩法的目的。

▲ Github 上的游戏源代码

比如你设计的核心玩法是第三人称的 3D 射击游戏，在 Unity 3.0 引擎中甚至就直接内置了这种类型的游戏 Demo（demonstration 的缩写，意为"样本""原型等"），你可以直接在其基础上进行改造，增加自己的游戏逻辑，完全不需要从零开始重新研发。

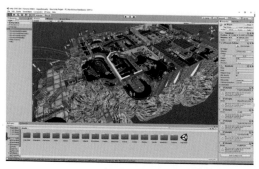

▲ Unity 3.0 的内置游戏 Demo

不会写代码怎么办？要么学，要么放弃，要么找不需要写代码就能进行初步验证的实现方式。

如果你想要使用游戏中现成的游戏编辑器，就需要具备一定的代码基础知识。如果你不会写代码，笔者建议尽可能地思考一些现实中具备替代品性质的玩法。

比如一副扑克牌只需要 1 元钱，这就是最廉价的游戏设计工具，那么我们是否可以先设计一个创新的扑克玩法？有的读者可能会觉得扑克牌玩法已经非常固化了，无非就是《斗地主》或《80 分》等一些传统玩法。事实上，扑克牌的玩法至今仍然在演变中，只是演变的过程是悄无声息、不易被人察觉的。

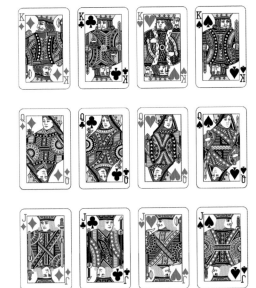

▲ 传统扑克牌

在主导《三国翻翻棋》初期的设计时，虽然笔者拥有一定的程序资源，但因为棋类游戏本质上是非常容易"现实化"的，所以坚持先自己设计"桌游"，于是打印了棋盘和棋子，与团队成员互相定好规则，仅用了一个下午，就把《三国翻翻棋》的桌游版制作完成，团队成员围聚在一起，一边玩亲手设计并制作的桌游，一边七嘴八舌地讨论设计细节，每进行几局,就会总结一下需要修改的点,渐渐地，玩法就稳定下来了。此时再进入程序开发的环节，核心玩法推倒重来的概率就降低了很多，同时团队成员们的积极性也更高了。

▲ 桌游版《三国翻翻棋》

美术资源的获取渠道也非常多。

笔者遇到过许多拥有程序基础，也有游戏核心玩法的想法的人，但是不具备制作美术资源的能力。这会导致两种结果，一种是因为没有美术资源就直接放弃开发了；还有一种是东拼西凑了美术资源，美术效果差到直接影响玩家们对核心玩法的兴趣。

面对第一种情况，可以使用其他游戏的游戏编辑器，编辑器内本身就有很多制作精良的美术资源，这些美术资源完全可以自由支配。你不用担心这些美术资源会对玩家的认知造成怎样的影响，因为这样反而可以降低玩家对你设计的新玩法的认知门槛，变相地加速了玩家的上手速度。

如果你想直接使用引擎进行开发，既可以选择类似 Unity Asset Store 这样的第三方资源商店挑选所需的美术资源，也可以搜索其他游戏的资源使用，其目的是帮助你快速验证自己的核心玩法设计。但绝对不能在商业化以后还使用这些资源，否则不仅违反了商业道德，更是侵权的违法行为。

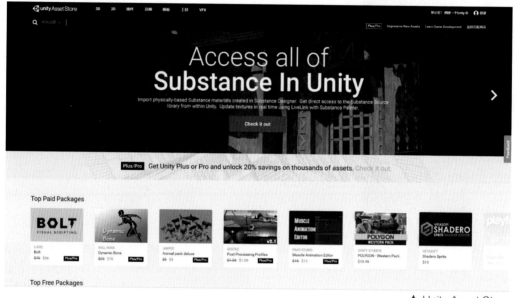

▲ Unity Asset Store

如果已经通过了产品验证，该如何联系投资方呢？

终于，在对产品做了几次迭代更新，玩法已经具备一定的可玩性时，若你希望将其从粗糙的 Demo 打磨成可以商业化的产品，可以直接联系笔者（将你的 GDD 和 Demo 发到邮箱 peterchengtao@163.com）。笔者可以帮助你联系投资人，并且帮助你完善想法、组建团队，使其尽可能最终走向市场。

下一章，笔者将带领读者从更深的层次上解析游戏的随机性是如何设计出来的，以及那些让人爱不释手的角色技能是如何产生的。

第 **3** 章

竞技游戏的核心玩法

游戏失去了灵魂就会失去吸引力。游戏的灵魂就是"核心玩法"。毫不夸张地说，核心玩法是游戏的终极魅力所在，核心玩法的设计优劣将决定游戏的成败。那么竞技游戏的核心玩法是怎样设计出来的，又由哪些部分组成，竞技游戏的核心玩法又为何可以成为众多游戏类型中更受欢迎的呢？

3.1 核心战斗：游戏的灵魂

核心战斗是决定一款游戏的可玩性以及生命周期的最重要部分。当我们着手设计一款竞技游戏时，核心战斗是需要优先设计并需要保持专注与持续改进的部分。

那么什么是核心战斗？前文曾介绍过竞技游戏的流程可以被切割成 3 个部分：准备战斗、战斗过程和结束战斗。以战斗过程划分，竞技游戏一般包含即时战略类（RTS）、多人在线战术竞技类（MOBA）、第一人称射击类（FPS）、竞技卡牌类（TCG）、格斗类、棋牌类和体育竞速类 7 个品类。

本书主要讨论 RTS、MOBA、FPS、TCG 这几类游戏的设计方法。毫无疑问，以《DOTA2》《英雄联盟》《王者荣耀》所代表的 MOBA 游戏，是当今风靡全球的竞技游戏类型。MOBA 游戏最早可以追溯到 1995 年由美国西木公司（Westwood Studio）发布的《命令与征服（Command & Conquer）》。此作在当年一经发布，立即轰动全球，累计销售了 3500 万份，其开创的"即时战略"类游戏品，直接影响了后世诞生的经典作品《星际争霸》系列与《魔兽争霸》系列，暴雪公司也正是依靠这两款作品获得的巨大成功，奠定了其长达二十年的全球游戏巨头地位。

如果不是首先诞生了《命令与征服》，可能就不会激发暴雪公司开发《星际争霸》与《魔兽争霸》，如果没有在这两款游戏中开放地图编辑器，则很有可能就不会诞生《DotA》，更不会产生《英雄联盟》《王者荣耀》等 MOBA 游戏。

玩家利用《星际争霸》的地图编辑器制作出一张名为 Aeon of Strife 的自定义地图，这就是 MOBA 游戏的雏形。在这个自定义地图中，玩家可以控制一个英雄单位与电脑控制的敌方团队进行作战，地图有 3 条路线，并且连接双方主基地，获胜的目标就是摧毁对方主基地。

同时，由于 MOBA 脱胎于 RTS，所以两者在玩法上有着千丝万缕的联系。

3.1.1 RTS 的核心战斗

在 MOBA 普及之前，RTS 是当时最受欢迎的游戏类型。RTS 游戏由建筑与兵种两大部分组成，游戏内所包含的数百种建筑与兵种都统称为"游戏单位"。建筑的种类和类型由"种族"或"阵营"决定，兵种则在建筑内生产而来。因此，选择种族→选择建筑→选择兵种，是 RTS 游戏最核心的战斗流程，玩家每一局的游戏体验，都是在不断地重复这 3 个步骤。一款好的 RTS 游戏，有游戏单位的种类也必然是非常丰富的。2017 年《星际争霸 Ⅱ：虚空之遗》版本中包含 3 个种族，有多种建筑和兵种。如此复杂的单位系统，给玩家创造出巨大的策略施展空间。不同的时机选择不同的单位，找到可以获得战斗胜利的最佳单位组合，是促使玩家不断重复战斗的强大驱动力。

以《星际争霸》中的"人族"举例，当玩家选择"人族"并进入战斗后，会得到 1 个免费的建筑单位指挥中心（俗称主基地），以及 4 个免费的兵种单位 SCV（俗称工程兵）。玩家使用 SCV 开采资源后，控制 SCV 去建造兵营、坦克营和飞机场等不同的建筑。通过这些建筑生产机枪兵、坦克和雷神等不同的兵种单位，最后玩家运用自己的策略将不同的兵种组合成编队，与敌对玩家的编队交战。

3.1.2 MOBA 的核心战斗

MOBA 根植于 RTS，但伴随着游戏设计师对其进行的版本更新，如今 MOBA 的核心玩法与 RTS 虽有联系，但表现形式已经大相径庭。

"建筑与兵种"仍然是 MOBA 的游戏单位，但玩家只能摧毁建筑，并不能生产建筑。单一的兵种单位也升级成拥有复杂技能的英雄单位，并且每局战斗只能选择一个英雄进入游戏。这样的做法极大地简化了 RTS 多单位控制带来的复杂操作，却保留并加强了最紧张刺激的战斗部分，同时引入非常丰富的装备系统，让每一个英雄都获得了更多的玩法。选择英雄→选择装备→选择技能，是 MOBA 最主要的战斗过程，操控不同的英雄在不同的时机施放不同的技能，是 MOBA 带给玩家不断重复战斗的强大驱动力。

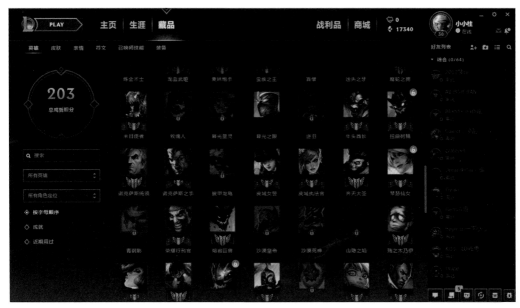

▲《英雄联盟》的英雄列表

在《英雄联盟》每局进入战斗前，玩家都要选择一名英雄，由于技能与数值的巨大差别，导致玩家选择英雄的同时，实际上等于选择了接下来在战斗中的大致分工。《英雄联盟》提供了 140 多种有不同技能、不同定位的英雄单位供玩家选择。例如，受到广大玩家喜爱的"暴走萝莉——金克斯"，玩家选择此英雄就等于选择了"战斗中主要伤害输出者"的定位；如果选择的是"牛头酋长——阿利斯塔"，则选择了"战斗中主要承担伤害者"的定位。每选择一个英雄等于选择一套不同的游戏策略，这样的设计丰富了游戏玩法，并让游戏的可扩充性得到加强，使得游戏的生命周期可以得到最大程度上的延续。

3.1.3 TCG 的核心战斗

牌类游戏是人类历史上最古老的竞技游戏之一，本书主要讲解的是近三十年来才开始流行的"集换式卡牌"游戏。集换式卡牌与非集换式卡牌的主要区别在于卡牌种类是否不断更新与扩充。例如，《斗地主》虽然也是牌类游戏，但是它永远使用的是 54 张扑克牌，扑克牌不会更新新的种类，玩家拥有的卡牌也是一样的。而集换式卡牌游戏，则是每隔一段时间，游戏设计者都会发布一系列的新卡牌，新卡牌与老卡牌共同组成一个人人可用的卡牌池，玩家在卡牌池中根据自己的策略设计自己的牌组，与其他玩家的牌组对战。

▲《炉石传说》卡牌池

因此，不断扩充自己的卡牌池→在卡牌池中选择卡牌组成牌组→在牌组中随机抽牌进入手牌→从手牌里选择出牌，就成了玩家在 TCG 游戏中不断重复的策略过程。在不同的局面下选择不同的卡牌应对，直到最终获得战斗的胜利，是促使玩家一局又一局进入对战的主要驱动力。

▲《炉石传说》对战画面

《炉石传说》是暴雪公司在 2014 年 3 月推出的一款 TCG 卡牌游戏，它巧妙地将自己旗下的经典 IP（intellectual property，知识产权）——《魔兽世界》的角色、职业和技能融入卡牌设计中。《炉石传说》包含战士、法师、猎人、牧师、潜行者、术士、德鲁伊、萨满和圣骑士等 9 种职业，每种职业都拥有其专属卡牌，玩家需要在职业专属卡牌及公共卡牌组成的约 400 张的卡牌池中，设计自己的职业套牌（即牌组）。每个职业最多可以使用 30 张卡牌组成套牌带入战斗中，每个回合，系统都会从 30 张卡牌中随机抽出 1 张进入玩家的手牌，因此在留给玩家策略空间的同时，也使游戏拥有了巨大的随机性。

3.1.4 FPS 的核心战斗

相较于 RTS、MOBA 和 TCG，通过设计复杂的游戏单位带给玩家更多深度的乐趣，FPS 游戏的游戏单位就简单很多，单一的角色与各种枪支构成游戏的核心战斗。由于玩家无论选择什么样的角色，其能力都完全一样，所以游戏更考验的是玩家对枪支的选择与使用技巧。

▲《穿越火线》

▲《CS:GO》的武器列表

3.1.5 不同类型游戏的核心玩法

本节较笼统地介绍了目前市面上比较流行的竞技游戏类型的核心玩法。除了 FPS 游戏之外，我们稍加分析就会发现 RTS、MOBA、TCG 这 3 种游戏类型的战斗过程都有一个共同的特征，那就是玩家总是需要在一个较大集合中，通过某种机制选择一个较小集合，获得游戏反馈后，再次重复这个过程。这句话看起来较为抽象，但仍需耐心地深度分析，因为这是竞技游戏可以给玩家不断带来刺激的最重要、最核心的设计理念。以下，我将用数学的思路去归纳。

再复习一下"游戏单位"的概念：游戏内存在的，可以与玩家互动的各个元素。那么设 N 为游戏单位的最大集，在 N 中通过一定的条件筛选出 N_1，再从 N_1 中通过一定的条件选择 N_2，再从 N_2 中通过一定的条件选择 N_3，以此类推，不断重复这个过程，就是竞技游戏的核心战斗流程的"最高概括"。

这是笔者根据自己的游戏体验与游戏设计经验归纳出的抽象理论，如果有更好的针对竞技游戏方法论的总结与归纳，希望读者能主动与笔者探讨。

	星际争霸	英雄联盟	炉石传说
N	种族、建筑、兵种	英雄、技能、装备	职业、职业卡牌、公用卡牌
N_1	种族	英雄	职业
N_2	种族的建筑	技能、装备	职业套牌
N_3	兵种	/	手牌
N_4	/	/	置入战斗的卡牌

▲ 用表格表达更为清晰易懂

从 N 到 Nx 的每次筛选,既可以是游戏设计的固定机制,也可以留给玩家来决策,甚至可以是一个随机值。如果每次筛选都是严格执行玩家做出的决策,那么游戏的策略性会极强,但玩家的疲劳感和操作复杂性也会加强;如果每次筛选都是游戏设计的固定机制,那么游戏的互动性极低,玩家的参与感会减弱;如果每次筛选都是随机值,则游戏的不确定性会很强,玩家的不安全感就会极高。

因此,一个好的游戏,会在筛选过程中精心设计每一个节点的具体机制,如何将三者巧妙地搭配,是竞技游戏从业者需要悉心思考的长期课题。

3.2 游戏规则:资源、消耗与反馈

前文通过 N 到 Nx 的筛选过程归纳了大部分核心战斗的战斗过程,本节将进一步深入战斗过程,了解竞技游戏是如何通过生产资源、消耗资源和给玩家反馈等重要步骤,组成一个完整的游戏规则。

3.2.1 生产资源

不管是 RTS、MOBA,还是 TCG,资源是推进 N 到 Nx 中各个阶段最重要的线索,是限制玩家在每个阶段进行选择的条件,是控制游戏进程的重要手段。玩家想要获得并使用游戏单位,就必须首先获得生产资源。根据核心玩法的类型不同,玩家获得资源的方式一般分为以下 3 种:资源完全从游戏单位中生产、资源完全不从游戏单位中生产,或者两者同时存在。

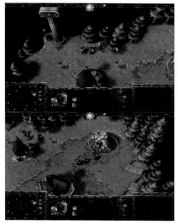

▲《魔兽争霸》的资源是金矿和木材　　　　　　　　▲《英雄联盟》的资源是金币和经验值

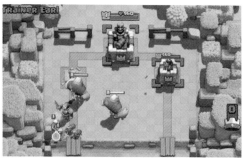

▲《炉石传说》的资源是水晶，又名"费"　　　　　　▲《皇室战争》的资源是圣水

RTS 游戏中的资源往往是完全从游戏单位中产生的，《星际争霸》中的矿脉和气矿，《魔兽争霸》中的金矿和木材，如果玩家不主动去收集，就不会得到任何资源，也就无法生产任何游戏单位。在《炉石传说》和《皇室战争》等 TCG 游戏中，水晶和圣水的获得是完全固定化的，资源通过回合或者时间直接产生，不用玩家花费任何精力去获得。而在《英雄联盟》和《王者荣耀》等 MOBA 游戏中则是两者结合的做法，金币和经验值存在于游戏内的每一个可以击杀的单位中，同时又会随着游戏时间自动获得。

获得更多的资源意味着获得更多的选择空间，同时意味着获得更大的战斗优势，因此如何获得更多的资源本身就是游戏设计者需要考虑的重要策略点之一。

3.2.2 消耗资源与反馈

在《王者荣耀》中，如果一个玩家的金币非常多，但是不购买任何装备，是无法赢得战斗胜利的。因此游戏设计者在设计 N 到 Nx 中的每个阶段时，都要给玩家提供足够丰富的资源消耗方式。这样的消耗方式可以是 RTS 中的建筑单位或者兵种单位，也可以是 MOBA 中的装备与技能点，还可以是 TCG 中的各种卡牌。

▲《魔兽争霸》的建筑与兵种　　　　　　　　▲《DotA》的装备系统　　▲《皇室战争》的卡牌

经典的资源流通结构是，玩家通过消耗资源生产游戏单位，使用游戏单位获得生产资源，再消耗生产资源获得更多、更好的游戏单位，这是推进玩家不断重复战斗过程的正向反馈链条。这个过程在玩家之间又被称为"经济运营"。在《英雄联盟》中，游戏一开始会给每个玩家 400 金币，玩家花费这 400 金币购买"出门装"，加强了一定的英雄数值，再通过击杀小兵、野怪和敌方英雄，赚取更多的金币，购买更多强力的装备用于获得战斗优势，每个阶段获得的优势随着战斗的进展，就会积累成赢下战斗的关键因素。

这同时告诉游戏设计师，设计游戏单位时必须满足不同生产资源消耗的水平，简单地说，就是游戏单位需要一个从便宜到昂贵的线性价格，才能让玩家逐层递进地获得游戏单位。例如，《英雄联盟》中的上百件装备，就被分割成 3 个大等级，而每个等级中至少有数十种选择，玩家不用耗费很长时间就能获得金币，然后购买一定的装备。哪怕一个玩家的运气很差，没有击杀任何单位，他仍然可以通过积累游戏自动赠送的金币购买装备提升自己英雄的数值。

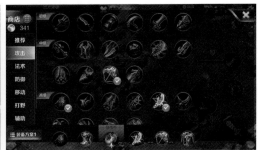

▲《英雄联盟》的战斗内装备列表　　　　　▲《王者荣耀》的战斗内装备也分为 3 个等级

资源的生产和消耗速度是游戏设计师控制战斗节奏最有效的手段之一，也是核心战斗内最基础的数值系统之一。首先，设计游戏内资源的种类；第二，设计每种资源的获取方式；第三，设计不同游戏单位的售价。结合以上理论，一起来梳理《王者荣耀》的战斗内金币系统。

通过右侧的表格不难发现，《王者荣耀》里金币的积累速度是非常快的，往往不到 1 分钟就可以获得购买不同等级装备的积累。这样的反馈速度使得游戏节奏加快，玩家获得收集资源的反馈也更频繁。

	5种金币获取方式	装备价格（单位：金币）
金币	战斗内随着时间固定获得	初级装备：140~550
	击杀小兵，36~140金币	中级装备：690~2100
	击杀敌方英雄，100~600金币	高级装备：1740~2300
	击杀野怪，56~125金币	/
	摧毁敌方塔	/

▲《王者荣耀》金币系统

获得资源→消耗资源→获得游戏单位→通过游戏单位获得战斗结果，这是一个最基础的滚雪球模型。这里给玩家提供了至少三大块的策略点，同时要注意的是，不管玩家做出什么样的决策，游戏都要从机制上立即给予玩家反馈，让玩家明确地知道自己的策略是做对了还是做错了，甚至可以暗示玩家如何调整策略。因为与 RPG（role-playing game，角色扮演游戏）游戏类型不同的是，在竞技游戏中，玩家只能找到相对最优解，无法找到绝对最优解。

3.2.3 如何让玩家获得资源

在竞技游戏中，不管资源以怎样的形式表达，资源都是绝对有限的，这样的设定才能充分地保证竞技游戏在初始阶段的公平性。资源的稀缺性，导致玩家发生冲突、争抢资源，在这样就增加了玩家之间发生冲突的可能性，让游戏变得愈发刺激。

例如，《魔兽争霸 3》中的经典对战地图 Lost Temple，此地图中的金矿和木材储量都是有限的，较早地在资源点附近开发自己的分矿，同时限制对手的分矿扩张，就是玩家们在前期互相博弈的关键点。

▲《魔兽争霸 3》的 Lost Temple 地图

065

然而，在初始阶段就诱导玩家之间爆发激烈的冲突，冲突弱势的一方在游戏中后期如果很难追回前期的劣势，就会导致游戏的上手门槛高、玩家受挫感强等负面反馈。例如，"兵线"是 MOBA 游戏中提供资源的重要单位，特别是在战斗前期，"补兵"几乎是每个玩家获得资源的重要途径。由于面向的市场定位不同，从《DotA》到《英雄联盟》，再到《王者荣耀》，我们会发现"补兵"变得越来越容易。

《DotA》中的补兵：可以杀死敌方小兵最后一滴血获得金币，也可以杀死我方小兵最后一滴血阻止敌方英雄获得金币。

《英雄联盟》中的补兵：只可以杀死敌方小兵最后一滴血获得金币，不能攻击己方小兵，因此无法阻止敌方英雄获得金币。

《王者荣耀》中的补兵：更加弱化了补兵资源的获取难度，不能攻击己方小兵，玩家只用站在小兵周围，即可获得小兵 80% 的金币，如果在小兵最后一滴血时击杀小兵，可以获得另外 20% 的金币。这样的设计极大地降低了金币资源的获取难度，拉低了长期的资源差距，促使玩家把更多的精力投入到战斗本身中来。

从《星际争霸》到《王者荣耀》，从《DotA》到《皇室战争》，竞技游戏中关于资源的运营难度呈现一种逐渐下降的趋势，其中最核心的问题在于游戏设计者很难完成前期与后期的资源平衡，这会导致玩家一旦在前期资源运营上出现了劣势，后期就很难翻盘，因此战斗的精彩程度不足。在最新流行的如《皇室战争》和《绝地求生》等游戏中，资源运营在游戏核心机制中的占比逐层降低，从而使玩家把注意力更加集中在战斗本身，这也许是未来竞技游戏的发展趋势之一。

3.3 有限随机：吸引玩家反复游戏的方法

具有一定的随机性是游戏能吸引玩家反复尝试的重要原因之一，它不仅带给人悬念，更带给人期望。在随机的机制下，玩家永远无法准确预测下一秒会发生什么，玩家每次在游戏中遇到的情况也是多种多样的，这是"游戏成瘾"的关键。

在大部分游戏中，随机分为两种设计模式，一种是真随机，一种是伪随机。理解这两种随机模式需要一定的数学思维，本书所表达的"随机"概念，特指游戏设计内的随机，非物理现象中的随机。

为了清晰地解释真随机与伪随机的概念，先假设有 10 个同学，老师在讲台上放了一个不透明的盒子，盒子内有被标记了 1~10 不重复数字的乒乓球。老师让这 10 个同学依次来到讲台上，从盒子中抽取乒乓球，抽到乒乓球上数字为 7 的同学留下来打扫卫生，那么请问，每个同学抽到 7 的概率是多少？

这是一个典型的随机概率命题，首先要区分两种情况。

第 1 种情况，每次上台的同学从盒子里抽取乒乓球之后，不把乒乓球放回到盒里，那么第 1 个上台的同学抽到印有 7 的乒乓球的概率为 1/10，由于他已经抽取过乒乓球，并且把乒乓球拿走，此时盒子内只剩下 9 个乒乓球，那么第 2 个上台的同学抽得 7 的概率则为 1/9，以此类推，第 3 个上台的同学获得 7 的概率为 1/8，随着乒乓球不断被抽走，只要仍然没有同学抽到过 7，那么第 10 个上台的同学就一定要留下打扫卫生了，因为此时盒子内只剩下 1 个乒乓球，并且这个乒乓球一定印有 7，此时他抽到 7 的概率为 1/1，即 100%。

第 2 种情况，每次上台抽乒乓球的同学抽完之后，把球放回到盒子里，那么第 1 个上台的同学获得印有 7 的乒乓球的概率为 1/10，由于他把抽取的乒乓球放回了盒子里，那么此时盒子内仍然有 10 个乒乓球，因此第 2 个上台的同学获得 7 的概率仍为 1/10，以此类推。只要前一个抽取乒乓球的同学仍然把乒乓球放回去，那么下一个来抽取的同学获得印有数字 7 的乒乓球的概率永远是 1/10。

第 2 种情况下，因为每一个同学在盒子前都面对相同的概率，我们称之为"真随机"；而第 1 种情况下，由于每一个同学在盒子前都面对不同的概率，我们则称之为"伪随机"。

再举一个生活中更常见的例子，来解释真伪随机的概念。"随机播放列表中的音乐"，每次点"下一首"时都不知道播放的是哪一首，实际上这是伪随机的经典案例。如果音乐列表中存了 10 首歌，那么每首歌被播放的概率都应该是 1/10，而实际上，既然用户选择了随机播放模式，那么此时用户绝对不希望连续听两遍同一首歌，那么点"下一首"时，系统会把用户正在听的这首歌排除掉，只在剩下的 9 首歌里随机挑选。当然，现实中 QQ 音乐或者网易音乐使用的随机算法的复杂度远高于这里所表达的。

为什么要强调"伪随机"的概念？因为在游戏设计中的绝大部分情况下，用到的都是伪随机模式。

例如，常见的"暴击率"的随机设计方法，假设设计一件"让普通攻击（普攻）获得 20% 暴击率"的装备，在实际的开发中具体该如何执行？如果使用真随机，那么意味着每一次普通攻击都会有 20% 的概率出现暴击，这样的结果是可能连续进行了 800 次普攻都没有暴击，却在后续的攻击中出现了连续 200 次的暴击，这种结果虽然符合了 20% 暴击率的要求，但明显不能满足游戏体验的需求。因此实际的设计方式是按照伪随机的思想，在一个区间内分别设计暴击的概率。

第 1 次普攻时暴击率为 1%，如果发生暴击，则下一次普攻时仍为第 1 次普攻的暴击率，如果没有发生暴击，则进入第 2 次普攻。

第 2 次普攻时暴击率为 3%，如果发生暴击，则下一次普攻时仍为第 1 次普攻的暴击率，如果没有发生暴击，则进入第 3 次普攻。

第 3 次普攻时暴击率为 5%，如果发生暴击，则下一次普攻时仍为第 1 次普攻的暴击率，如果没有发生暴击，则进入第 4 次普攻。

以此类推，第 4~9 次的暴击率依次是 7%、9%、10%、13%、20%、32%。

第 10 次普攻时暴击率为 100%，即必然发生暴击，下一次普攻时回到第 1 次普攻的暴击率，重新执行以上循环。

此时，将这 10 次攻击发生暴击率的概率相加后除以攻击次数可得：（1%+3%+5%+7%+9%+10%+13%+20%+32%+100%）/10=20%。

那么，每次普通攻击时，发生暴击的概率为 20%，符合设计条件，并且 10 次普攻中必然会获得 1 次暴击，这样的设计方式，避免了长期连续暴击或者长期连续不暴击的可能性。

除了应用于"暴击伤害"和"有一定概率眩晕"等技能机制外，伪随机模式更广泛地应用于卡牌类游戏中。这一点在《炉石传说》的战斗内随机发牌机制中被展现得淋漓尽致。玩家组成的套牌带入战斗后，每个回合都会在剩余的套牌中抽出一张卡牌，玩家永远无法准确预测下一张牌到底是什么，而玩家又总是会对下一次发牌有一种期待心理，期待可以得到自己需要的牌。发牌的这种随机机制，导致每次发牌后，玩家的情绪都会发生很大的变化，这是卡牌游戏能获得巨大市场份额的重要原因之一。

《炉石传说》的设计团队还设计了一张非常有意思的牌，即大名鼎鼎的"尤格——萨隆"，这张牌的功能描述是"战吼：在本局对战中，你每施放过一个法术，便随机施放一个法术（选取随机目标）"。仅仅只看文字描述，就知道这张牌进行了两次随机。第一次随机，是以本局施放过法术的次数，确定即将施放的法术次数，然后在每次施放法术时，从游戏里的所有法术卡中随机选择；第二次随机，是每次施放法术时都会随机选择场上的一个目标，有可能是敌方单位，也有可能是我方单位。我们总是期待把增益型法术施放给自己，而把伤害型法术丢给敌方，但是随机机制的存在，导致每次施放时的不确定性因素大幅增强。玩家们会非常享受这种充满惊喜和意外的过程，所以会反复尝试。这就是竞技游戏中随机性的魅力。

▲ "尤格——萨隆"，中国的玩家又亲切地称它为"傻龙"

3.4 获得反馈：成就感与挫败感

在进入本小节之前，先回顾一下本章之前所讲解的内容。以战斗时间为轴，竞技游戏的战斗流程可以归纳为从 N 到 N_1 直到 Nx 的若干节点，每两个节点之间的长度由资源的产出与消耗控制，节点的里程碑由固定或随机机制决定。

我们已经理解了 N 所代表的游戏单位，也学习了收集资源与消耗资源，以及不同的随机机制，不难发现"获得反馈"仍然是空白。将"获得反馈"放到本章的最后才讲，是因为反馈是游戏设计中给玩家带来最直接感受的部分，是整个战斗流程的重中之重。这涉及一些高深而抽象的问题，例如，人为什么要玩游戏？游戏为什么会让人上瘾？从人性的本质上来说，就是因为反馈，人们总是希望获得快速、直接、有效的反馈。接下来会极其细致地剖析竞技游戏如何带给玩家各种各样的反馈。

资源流动结构

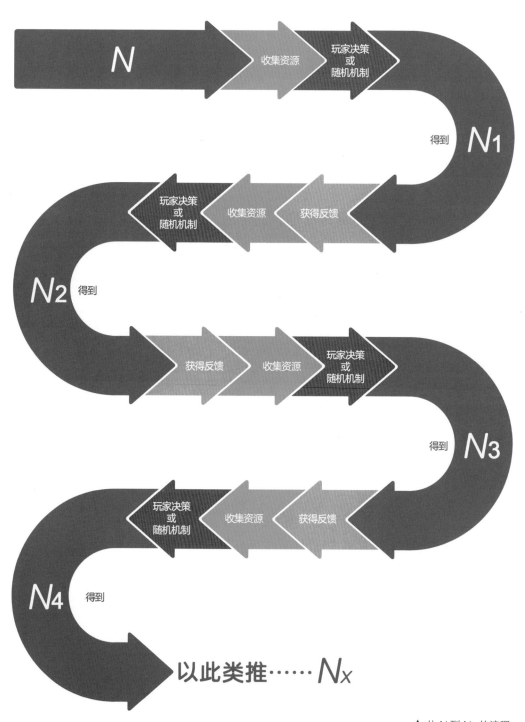

▲ 从 N 到 Nx 的流程

3.4.1 奖励机制

在生存得到保障的前提下，不断追求快乐，是人类自诞生之初就具备的基因。游戏带给人的生理反应，与酒精和香烟并无太大的区别，都是通过激发人脑中"快乐素"的过度分泌，从而使人感受到愉悦与兴奋。这里的本质来源于人脑的"奖励机制（reward mechanism）"。

正是因为快乐与奖励机制的存在，人类获得了积极向上、乐观、自我安慰等触发各种潜在情绪的能力，也激发了超脱于温饱线之外的自驱力。因此游戏设计师的工作本质，就是想尽一切办法，在符合道德与法律的范围内，尽可能通过一系列巧妙的手段，刺激玩家的大脑分泌更多的"快乐素"。那么，在竞技游戏的设计中，到底有哪些手段可以利用呢？

3.4.2 让人成瘾的"五颗宝珠"

让玩家获得成就感并沉浸在游戏体验中，有 5 种办法。

1. 拆解大目标，并使其量化

制定目标并完成目标，这几乎是人类获得成就感的标准途径。在竞技游戏中，所谓的大目标，往往就是成为一局游戏最后的胜利者。值得注意的是，这个大目标一定要足够清晰，最好是一个单一事件。例如，《英雄联盟》中，玩家获得胜利的条件非常简单易懂，率先摧毁对方水晶塔的一方，即可获得战斗胜利；《炉石传说》中，率先把敌方英雄"打没血"的一方，获得胜利；《绝地求生》中，100 个人里最后活下来的一个，获得胜利。可以广泛流行的竞技游戏玩法的获胜条件，都可以用短短的一句话概括，这样的设计有效并且直接，玩家不用过多理解游戏规则，即可快速定位游戏的大目标。

但是所谓的大目标，带给人的感觉往往都是遥不可及的，是让人望而生畏的。如果我们把这个宏大的目标拆分成一个一个易于实现的小任务，就会感觉轻松许多。游戏中这样的例子有很多，最常见的是MMORPG（大型多人在线角色扮演游戏）游戏，例如《魔兽世界》中存在大量"击杀 n 只怪物"的任务，如果一开始就告诉

用户，"累计击杀 10000 只怪物，可以一次性获得 1000 个奖励"，估计许多玩家就望而却步了。因此我们看到的更多的是"累计击杀 10 只怪物，可以获得 1 个奖励"，这样的设定把一个看似不可能有人有耐心完成的任务拆分成了 1000 个节点，并将奖励分散在每个节点上，玩家在进行任务的过程中，就会轻松很多。

在竞技游戏中，将大目标拆散成小目标的案例也是屡见不鲜。例如，《英雄联盟》最后的目标是摧毁大水晶，但是大水晶前面会有若干个防御塔，那么玩家就会首先把摧毁一座一座的防御塔设定为目标。与此同时，《英雄联盟》的装备系统也被分为了 3 个等级，每个低等级的装备都可以合成高等级的装备，玩家不用闷头存很久的金币，而是可以获得一点金币后就立即购买一些低等级的小装备，一件一件的小装备组成一件中级装备，一件一件的中级装备再合成高级装备，玩家在这个过程中也能清晰地感受到角色能力的增长。

玩家往往也很容易享受这种乐趣。例如，"每日签到"的功能已经是各个游戏的"标配"了，每天登录游戏就可以获得一定的奖励，如果连续一个周期（往往是 7 天）内，玩家可以不间断地每天登录，那么在这个周期的最后一天一定会给一个比较大的奖励。这种设计的原理就是让玩家感受到"每天积累一点点"的成就感，利用这样的奖励机制，可以显著地提高游戏的玩家留存率。

2. 清晰地告诉玩家实现目标的进度

纵观整个游戏历史，也许没有比"血条"更伟大的发明了。血条的本质，是使游戏内的若干个小目标"进度可视化"。比如，《英雄联盟》中的"大龙"，只要看到它的血条，

玩家就可以大致了解距离杀死它还要付出多少时间和努力，是否可以在敌方赶过来之前首先击杀；《绝地求生》中时刻关注自己的血条，就大概知道自己在这局游戏中还能存活多久。

在竞技游戏中还有什么比"丝血反杀"更能让人兴奋的事情？血条带给人期望，带给人悬念，带给人紧张与焦虑，玩家在游戏中的情绪起伏往往都和各种血条的进度息息相关，这是因为血条实际上就是一个进度条，其代表的就是玩家在游戏中完成一个个小目标的进度。让玩家清晰地知道实现每一个目标的进度，特别是告诉玩家距离完成下一个目标还要多久，是游戏设计中经常被忽视的环节。

除了血条之外，数字也是表达目标进度的好方法。在《绝地求生》中，屏幕的右上角始终有一个数字告诉玩

家游戏中还剩多少人，这样玩家就可以随时知道自己这一局的名次；在《炉石传说》中，敌方英雄的头像旁边始终有数字告诉玩家还要造成多少伤害才能战胜对手。只有让人清晰地知道终点在哪里，以及轻易地知道自己距离终点还有多远，才能够让人下意识地压抑欲望，继续付出努力，为的是获得真正实现目标那一刻带来的巨大满足感。

那么关键的问题来了，为什么人会主动选择压抑欲望呢？难道压抑欲望也会产生"快乐素"？

假设一个时间轴上有 ABC 三个点，A 点代表实现目标的起点，C 点代表实现目标的终点，B 点代表玩家当前所处的位置。那么 AB 线段代表着玩家已经经历的部分，BC 线段代表玩家即将经历的部分。

往后看 ←---   ---→ 往前看

A   B   C

▲ ABC 三个点

当玩家站在 B 点往 A 点看，看到自己已经完成的部分，会产生"积累的满足感"，而站在 B 点往 C 点时，由于前文已经讲解过大目标要划分成若干个小目标，那么 C 点一定是玩家很快就可以到达的，此时玩家会在潜意识里产生由"到达 C 点即可获得奖励"带来的"想象的快感"，从而内心的期望值开始快速升高，处于这个期待奖励过程中的玩家的大脑内就会分泌更多的多巴胺，鼓励玩家向 C 点继续努力。在玩家从 B 点到 C 点的过程中，大脑分泌的多巴胺仍然会给玩家带来快感，这就是人们会压抑欲望、产生动力、向目标前进的本质原因。

积累的满足感　　　　　　　　　　　想象的快感

往后看 ← · · · ·　　　　· · · · → 往前看

A　　　　　　　　　　　B　　　　　　　　　　　C

▲ C 点为目标点

那么，在游戏中给玩家设定实现目标的反馈时就需要让玩家产生足够浓厚的兴趣，这就涉及如何在游戏中尽可能地向玩家表现反馈。

3. 快速、频繁、清晰和夸张的反馈

数字：竞技游戏中最常见的反馈就是攻击目标之后，目标身上不断跳动的数字。玩家可以通过这些不断跳动的数字，清晰地认识到自己对目标已经造成的伤害，甚至是造成什么类型的伤害。在《英雄联盟》中，攻击目标时如果目标身上跳出的数字是白色的，

▲ 《英雄联盟》中的扣血数字

则表示玩家在对目标造成"真实伤害"，如果是红色的，则表示是"物理伤害"，紫色的数字表示"魔法伤害"，暴击会用更加夸张的字号加上一个"感叹号"，夸张地加强反馈表示。

特效：无论是《星际争霸》中机枪兵攻击时枪口的细小火焰，还是《炉石传说》中扭曲虚空的全屏幕炫光，特效在游戏中带给玩家的震撼视觉表现力是毋庸置疑的。在 MOBA 游戏中，特效还起到了传达技能逻辑的作用，特别是那些复杂的技能逻辑，如果只是让玩家通过文字去理解，估计很多玩家就放弃了，但是通过惟妙惟肖的特效去表达，原本晦涩难懂的技能描述立即变得生动活泼。

音效：很多游戏在对外宣传时都会用"带给你震撼的视听享受"等文案，这表明现在的玩家不仅仅满足于视觉层面的反馈，更需要声音辅助。特别是在 FPS 游戏中，声音已经不仅仅是给玩家反馈的工具，更是游戏信息传达给玩家的重要手段。在《绝地求生》中，由于使用了最先进的 Wwise 声音引擎，敌人的脚步声可以在空间中极其精准地表现，玩家只靠脚步声就可以判断敌人距离自己的远近，更不用提不同枪支在战斗时不间断地带给玩家各种枪声的反馈，使得游戏即使只听声音，就已经让人热血沸腾。

无论是数字反馈、特效反馈，还是音效反馈，反馈一定要给玩家足够快速并且精确的表现，这样才能不断地激励玩家继续下去。举一个现实生活中的例子，机械键盘的受众越来越广泛，其原因就是机械键盘带给用户的反馈更直接，也更清脆。

4. 随机奖励

渴望奖励是人与生俱来的天性。前文也介绍过，要通过设计一系列的小目标，同时给予玩家完成这些小目标的反馈，驱动玩家在游戏中不断前进。所谓的"随机奖励"，是指事先准备若干种奖励，在玩家获得奖励时，使用算法随机给玩家一个奖励。

随机奖励代替固定奖励，给人带来的诱惑力之大，已经渗透到人们日常生活中的各个层面。例如，最常见的就是微信红包，逢年过节，各个微信群中的红包此起彼伏。大部分的红包总额为 1~200 元不等，如果只是从金额上来讲，并没有特别大的诱惑力，但是由于加入了随机奖励的机制，导致用户在每次领取红包之前，期待值大幅提高，开启红包的一刹那有可能得到数十元，也有可能只有几毛钱，这种不确定的惊喜感大大强化了用户的情绪波动。如果运气很好，领到数额最大的一个红包，就给用户增加了一些值得炫耀的因素。

在游戏中，随机奖励系统简直无处不在，案例也不胜枚举。《魔兽世界》每个副本 BOSS 的掉落列表，大部分玩家在前往副本之前就已经了然于胸，但具体每次会掉落什么，没有玩家可以准确地预测，这便激励了玩家不断地重复体验此副本。有人为了获得著名的"死亡战马的缰绳"，在一个月里"刷"了 100 多次"斯坦索姆"副本，这就是随机奖励带给他的驱动力。

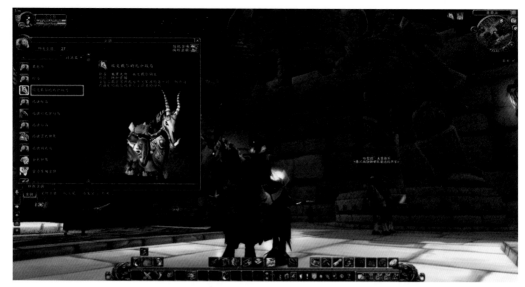

▲ 《魔兽世界》中的死亡战马

在竞技游戏中，随机奖励的机制也经常被用到。例如，《绝地求生》中的空投补给箱，战斗中每过一段时间，地图中的任意一个位置都有可能掉落空投补给箱，补给箱内总会产出一些游戏内最高级的物资，但是也会产出一些稀松平常的东西。最关键是的，补给箱会冒出红色醒目的烟雾，隔着几公里都能看到，这意味着很多玩家都知道这里有补给箱，但仍然无法阻挡许多玩家冒着被其他玩家"蹲点"的生命危险去补给箱前一探究竟。

▲ 《绝地求生》空投补给箱

在《DOTA2》中，河道神符也具有随机奖励的特征，每隔2分钟就会从8种神符中随机刷新一个，获得神符的玩家会在一定时间内获得更强的状态，因此经常吸引敌对的玩家在神符附近打得不可开交。

值得注意的是，随机奖励的机制固然非常吸引人，但是也正如本章前文"真随机与伪随机"中所描述的那样，如果一个游戏中的随机成分过高，会导致玩家对游戏的安全感降低。很多玩家会怀疑自己的运气，从而对游戏的随机奖励产生抵触情绪。还有一部分玩家认为竞技游戏拼的应该是游戏技术而不应该是拼人品，对随机奖励更加持怀疑态度。最著名的案例就是"暴击系统"，暴击系统也是随机奖励的经典体现，但却遭到一部分"技术流玩家"的质疑，原因是暴击系统让运气成了决定胜负的因素，而不是游戏操作与技术。当然，具有以上疑惑的也只是极少数的玩家，大部分玩家仍然对暴击系统非常钟爱。

总之，因为随机奖励系统的存在，游戏内容的重复性利用得到了最大化的加强，也促使游戏的玩家留存率得到了很大的提高。特别是当随机奖励机制作用于游戏的付费系统时，随机奖励最耀眼的光芒才真正地绽放。

5. 协作与竞争

人与人之间的关系可以用"冲突与合作"来概括，在游戏中设计各种各样的矛盾点也能促进玩家之间的互动。

棋牌游戏《斗地主》就是一个典型的案例，参与游戏的三方时而联合，时而对抗，每一局比赛都包含着竞争，也包含着合作。在《斗地主》之前，无论是象棋还是围棋，或者是升级还是桥牌，合作与竞争的参与者永远是固定的，而《斗地主》的规则却完美地打破了这个传统，也许这就是这个棋牌游戏能快速流行的重要原因。

在竞技游戏中，因为合作而产生更多策略的案例更是数不胜数，这就产生了"角色定位"的概念。不管是"战、法、牧"，还是"前排、中排、后排"，又或者"坦克、输出"，都属于角色定位。例如，在 MOBA 游戏中，由于单一英雄的能力总是有限的，不可能有任何一个英雄既当远程又当近战，也不可能有任何一个英雄既当坦克又当输出。人类自古就是社会化的群居动物，通过分工合作从而达成默契，最后赢得战斗的胜利，会更能增加成就感。

团队合作的竞技模式能吸引更多人参与，还有另外一个更深层次的原因，就是"激化矛盾"。大致来讲，从社会学的角度去分析，可以获得两个层面的含义：分担压力和传递压力。

所谓分担压力，是指竞技游戏中由于战斗的各方都是真人操作，这会导致战斗过程中的压力被放大，假设只是由一名玩家独自面对，此玩家可能根本无法承受，从心理上就会无比恐惧。但在合作模式下，由于每名玩家只用处理好自己眼前的事情，压力被分担，处在团队中的玩家也因此会产生一定的安全感。

在《绝地求生》中，如果在多人组队的模式下，玩家的角色被击杀之后，并不会立即死亡，而是会进入只能爬行的"击倒"状态，可以被存活的队友救起。这个设定让玩家在组队战斗时互相扶持，互相合作，同时在玩家的角色死亡前产生了一个缓冲区，团队不会立即减员，玩家的角色不会立即死亡，这在增进团队合作的同时，降低了玩家的挫败感。

比起分担压力，传递压力就完全属于另外一种情况。当处于团队中的玩家在战斗中受到挫败之后，由于大部分人的本性永远是推卸责任，而不是承担责任，所以玩家可以把受挫的原因怪罪于团队的其他成员，从而减小自己的心理负担。注意，此处一定要以游戏设计者的角度来看待这个问题，不要想当然地认为推卸责任是人类的劣根性，其实推卸责任是大部分人获得安全感的重要行为，没有对与错之分。每个人都会有负面情绪，竞技游戏作为一个承载社交化功能的载体，也理应承担人们的负面情绪。

作为游戏设计师，要尽可能地在游戏机制上疏导玩家的负面情绪，只是不要妄图根治。例如，《守望先锋》中，处于同一阵营的合作方根本无法看到其他玩家的战斗数据，还可以随时在出生点切换英雄，甚至可以在战斗中随时离开而不会过分影响战斗的平衡性。这些都是暴雪为了疏导人们的负面情绪而设计的机制，然而即使如此，《守望先锋》仍然会多多少少地存在团队中队员互相攻击的情况。

不过也正是因为推卸责任带来的种种问题，玩家更倾向于选择自己熟悉的固定团体一起游戏，这反而从另一个侧面证明了竞技游戏更加容易吸引用户下载。笔者开发的MOBA 竞技手游《魔霸英雄》由于研发期间成本开销过大，导致进入推广期间资金已经捉襟见肘，只能硬着头皮仓促上线，但仍然在没有"硬广"、没有宣传的情况下获得了30 万的下载量，绝大部分正是由玩家之间口口相传的力量所推动。

竞技游戏中一个又一个的冲突点，正是竞技游戏的魅力源泉所在。

争夺有限资源：竞技游戏中的资源一定是相对有限的，玩家为了扩大自己在游戏中的优势，必然受到人性的驱使而互相抢夺资源。例如，《DOTA2》中的中立野怪肉山（Roshan），击杀肉山的队伍可获得"不朽之守护"，获得该守护的英雄在死亡后 4 秒内"满血满魔"复活。如此强力的装备，会让玩家在接下来的团战中获得巨大的优势，因此每当肉山在地图中刷新时，双方玩家都会蠢蠢欲动、摩拳擦掌。

▲《DOTA2》中一群人攻打肉山

同样，把战斗内的数据排行榜或者全场最佳（MVP）之类的炫耀机会也当作稀缺性资源，会成为满足玩家虚荣心的有力武器。例如，《守望先锋》在战斗结束时的全场最佳，会以全场战斗中击杀最多、为全队提供最大治疗、承担伤害最多等为评价依据，只要玩家的表现足够优秀，就可以获得多数人的认同。可见，玩家进行一场游戏却能获得多次正面反馈，会保持玩家的游戏热情，给予玩家"秀起来"的资本。

▲《守望先锋》

争夺有利位置：在《绝地求生》中，由于安全区不停地在地图中缩小范围，在越来越小的安全区中找到一个易守难攻的建筑点，是走到游戏最后的关键，因此才会爆发守楼、攻楼战，为了守住或者攻下一栋有利建筑，战斗双方经常打得人仰马翻、不可开交。

争夺游戏的连贯性：在玩家为了大目标而去实现一连串小目标的过程中，最不愉快的事情就是被打断。例如，《英雄联盟》中的"第一滴血（first blood）""双杀（double kill）""三杀（triple kill）""四杀（quadruple kill）""五杀（penta kill）"……直到"超神"，这是针对玩家持续在战斗中展示自己游戏技巧的最好反馈。运营方腾讯深谙此道，所以在 TGP 助手（tencent game platform）中自带了"精彩时刻"的功能，助手会自动帮助玩家把这些值得炫耀的精彩时刻截图，玩家也就可以将这些截图发到自己的社交圈中炫耀——这些手段，都是在竞争中获胜而获得的强大反馈。

▲《英雄联盟》中的"精彩时刻"截图

3.4.3 挫败感

反馈就像一枚硬币，给予获得胜利的玩家以强大的成就感，同时也要考虑如何减小失败玩家的挫败感，这也是大量的竞技游戏没有考虑到，或者没有做好的事情。

只要有竞争，就会有赢家和输家，我们有很多办法让赢家获得积极的反馈，但当一名玩家在游戏中被杀死、被抢夺资源、被抢夺有利位置，或者被打断时，该如何降低输家此时的挫败感，甚至将此时的挫败感化为激励，是大量的竞技游戏设计师都在想办法解决、同时也很难解决的重要问题。

目前，竞技游戏设计师尝试解决此问题的方法有以下几种。

1. 减少玩家需要同时处理的信息量

当一个人需要同时处理的信息量过多的时候，手忙脚乱、顾此失彼是经常会发生的。此时胜利方往往会有"智商碾压"的感觉，而失败方则会有巨大的挫败感，会对自己的失败非常懊恼，同时还无处宣泄，以至于对游戏产生畏惧心理，从而敬而远之。

从《星际争霸》到《魔兽争霸》，从《澄海 3C》到《DotA》，再从《英雄联盟》到《风暴英雄》，直到《守望先锋》和《绝地求生》。在竞技游戏长达二十年的演变过程中，不难发现这样一个趋势：游戏单位正在逐渐减少，玩家需要同时处理的信息量也同时在弱化。玩家不需要掌握过多的信息量，就可以轻松上手游戏，从而快速缩短从"新手"到"老鸟"的时间。

芬兰著名的游戏厂商 Supercell 在加拿大发布了手机游戏《Brawl Stars》，这款游戏的设定把 MOBA 游戏的复杂度再次降低——3v3 模式，每个英雄只有 1 个普通攻击方式和 1 个技能。且不说这种极度简化的游戏方式是否真的可以获得商业上的成功，但是其设计目的，也是尽可能地压缩游戏内的单位数量，减少玩家需要同时处理的信息量，用最小化的游戏内容满足最大化的游戏丰富度。

2. 减少胜利方和失败方的收益差距

竞技游戏中胜利方理应获得奖励，但失败方是否一定要接受惩罚，是一个值得商榷的问题。竞技游戏应考虑玩家在一局中的总体受益和损失。如果仅仅因为一个小目标点的失利就给予玩家过高的惩罚，会导致战斗内的平衡过早地被打破，从而使比赛进入"垃圾时间"。

同为 MOBA 游戏，暴雪在《风暴英雄》与《守望先锋》中，针对传统 MOBA 游戏做出了许多机制上的改变。例如，直接取消了战斗内的经济系统，这意味着直接砍掉了MOBA 游戏内最重要的资源链条，同时彻底砍掉了 MOBA 游戏中最常见的装备系统。这样的机制暂且不讨论是否真的能经得起市场的考验，但至少从游戏难度方面，大大降低了玩家的挫败感。因为在传统 MOBA 游戏中，玩家的角色每次被击杀后，不仅仅为击杀者提供一定的经验值帮助其快速提升等级，同时还会为其提供数量不等的金币，供其购买装备、强化英雄的属性。因此玩家的角色每次死亡，不仅仅意味着在复活时间内无法进行战斗，损失一定的战略资源，更是为对方提供了相当程度上的成长，也就顺势拉开了双方的差距。

在《风暴英雄》与《守望先锋》中，则从根本上解决了这个问题，《守望先锋》甚至连等级系统都砍掉了，彻底摒弃了战斗内英雄的数值成长，仅仅保留了"大招"的冷却成长，同时减少了玩家在战斗内死亡后等待复活的时间，甚至可以复活后在出生点重新选择英雄。针对传统 MOBA 的机制进行大幅度的调整，足以见暴雪对降低玩家在战斗中挫败感的重视程度。

3. 详细告知玩家战斗失利的原因

比起战斗内死亡，更让玩家产生严重挫败感的是战斗内"突然死亡"。

因此，为了告知玩家战斗中的失利原因，在《DOTA2》和《英雄联盟》中都提供了死亡过程的详细数据，而在《守望先锋》和《CS:GO》等一些 FPS 游戏中，甚至提供了即时的"死亡回放"功能。玩家可以在回放中清晰地观察到角色的死亡过程，对于一部分追求技术进步的玩家，就可以通过详细分析每一次的死亡过程，学习如何避免下次犯同样的错误。

▲《DOTA2》中的死亡回放

4. 化转移压力为分担压力

所谓的化转移压力为分担压力，是指从游戏机制上尽可能减少玩家之间互相埋怨的机会，也就是减少每一次失利中玩家互相找"背锅侠"的可能性。这意味着游戏机制内必须要弱化只要团队中有一名玩家失利就会对战斗局势带来不可逆转影响的情况。

同时，游戏在匹配机制上也要做足功夫，尽可能地让参与比赛的所有玩家的实力接近。如果一局战斗中有一个玩家明显弱于其他玩家，那么队伍中的其他玩家往往就会把所有失利都怪罪于这个玩家，此时此玩家的受挫感会非常强，这对玩家的内心伤害是巨大的，以此引发的争吵和互相指责会在游戏内不停地循环，这会对游戏环境造成极大的破坏。同时，也要在数据统计上隐藏弱势玩家，没有人愿意把自己的不足毫无保留地呈现给其他玩家。

5. 给玩家快速重新开始的机会

转换坏心情最好的方法是立即去做可以让自己获得好心情的事情。如果玩家在游戏中产生受挫感后，游戏能从机制上立即给玩家带来新的成就感，这样的设定反而能让玩家对游戏有更深的印象。此处涉及了"匹配算法"的概念，如今的竞技游戏在进行每一局的战斗匹配时，都会尽可能地让玩家的期望胜率保持在 50% 左右。

例如，当一名玩家在游戏中经历了"三连败"，即使再匹配比他实力弱很多的对手，他可能仍然无法胜利。此时作为游戏设计师，一定要怀着"无论如何要将玩家留在游戏中"的心态来考虑问题。因此在很多轻度的手机竞技游戏中，为了快速把玩家从持续失败的阴影中拯救出来，往往会给这部分玩家安排机器人。机器人在游戏中存在的意义除了练习之外，还能起到让玩家获得心理慰藉的作用，玩家在以机器人作为对手的战斗中大杀四方、畅快淋漓，多多少少能让玩家的心情由阴转晴。在对局中设置机器人并不存在任何游戏道德的问题，毕竟拥有广泛的玩家基础，是竞技游戏成功的关键因素。

3.5 核心玩法中的成长线设计

除了通过随机性让游戏结果充满不确定性以外，一款完整的竞技游戏，其核心玩法中，还要或多或少地包含 1 条或 n 条成长线，以确保玩家在游戏中能获得足够的积累反馈。如果一款游戏的成长线设计得足够好，其重复可玩性将大大加强。这就好比《超级马里奥兄弟》中，吃掉蘑菇会变大，吃掉向日葵可以发射子弹一样，这都是玩法中的成长模式带给玩家的乐趣。如果读者已经设计出了一个游戏玩法，务必回头检查自己的玩法中有没有成长线的设计。

竞技游戏的成长线一般分为 4 种类型，分别是资源积累、势力扩张、实力提升和蓄势待发。这些成长类型普遍存在于各种游戏类型中，并不是某种特定游戏类型的专属。

3.5.1 资源积累

RTS 游戏中的资源开采，MOBA 游戏中的金币和经验值积累，甚至《球球大作战》中的吃豆子，都是资源积累的过程。

例如，《星际争霸》中，无论什么段位的玩家在每一局开始时都必须立即控制农民挖掘水晶，然后在对局早期就开采气矿，因为只有拥有了这些资源，才能建造建筑，生产对战单位。在前文中已经讲述过通过资源控制游戏单位生产对于 N 到 Nx 的意义，然而实际上玩家通过调动农民挖掘水晶、开采气矿这个行为本身就在一条成长线上——即使什么都不做，仅仅只是看着这条成长线不断成长，本身就有成瘾性的体现。最著名的案例莫过于以《点杀泰坦》系列为代表的"挂机"类游戏。"资源积累"只需要进行一点改造，本身就可以成为一种有趣的玩法。试想，晚上睡觉之前点几个按钮，睡一觉醒来游戏中就多了许多金币或者宝石，这确实能给许多人带来满满的成就感。

然而竞技游戏是不太可能让玩家不劳而获的，否则博弈论在竞技游戏中就失去了意义。例如，《英雄联盟》中补兵和消灭敌方单位都可以获得一定数量的金币，金币可以用来购买装备——实际上装备的积累过程本身就同时具备反馈和成长两个机制，是非常经典的设计方式。玩家会不时地关注自己补了多少兵、得了多少金币，在金币的成长过程中同样给玩家带来了资源积累的乐趣，玩家在期盼着存够金币购买装备的同时不停地做出行动、奋力操作。虽然《王者荣耀》中取消了"补刀"的设计，但是并没有取消金币积累的过程，这绝对是非常明智的选择。

▲《英雄联盟》中杀死敌方单位可以获得金币

　　《星际争霸》和《英雄联盟》的资源积累都是用金币体现的，而《球球大作战》则是通过控制游戏单位去"四面八方吃豆豆，吃了球球长胖胖"来设计资源积累的成长线——玩家通过时而小心翼翼、时而大刀阔斧地控制自己的单位，从一颗极小的球逐渐成长为一个巨大的球，这个从小到大的过程中带来的满足感是巨大的。《贪吃蛇大作战》中玩家控制的蛇越来越长的过程，给玩家传递的正向反馈同《球球大作战》的心理是一样的。

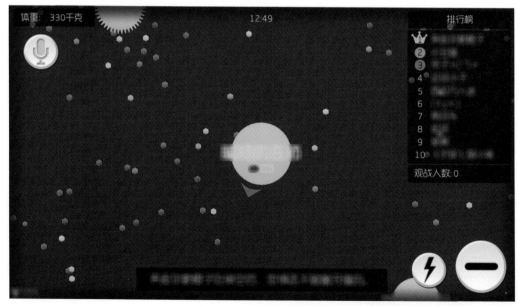

▲《球球大作战》吃掉豆子和敌人都可以长大

除上述案例之外，TCG 游戏《炉石传说》中每回合上涨的水晶数也是如此，第 1 个回合中玩家只有 1 点水晶，第 2 个回合就会自动上涨 1 点，第 3~10 个回合中每回合都会自动上涨 1 点，这里上涨 1 点就代表玩家能选择上场的卡牌种类又多了一些。

▲ 《炉石传说》中每个回合都会增长的水晶数

3.5.2 势力扩张

RTS 游戏中的分基地、SLG（simulation game，模拟策略类）游戏中的地盘扩大都会给玩家带来相当程度的满足感。

通过自己的努力不断扩大势力范围，给人带来正向反馈也是一个非常古老的游戏设计机制。最著名的例子莫过于规则简单但实际上异常深奥的围棋，对局双方使用黑白两子在方寸间"你来我往"抢占地更多地域。

▲ 围棋

电脑上的 RTS 游戏虽然比围棋的游戏机制更加复杂，但在势力扩张上的正向反馈却是非常相似的。《星际争霸》的玩家或通过稳扎稳打，或通过暗度陈仓，在地图中建造分基地来抢占资源而获得优势，早先的《红色警报》和《帝国时代》都无一例外地突出了这个核心乐趣。

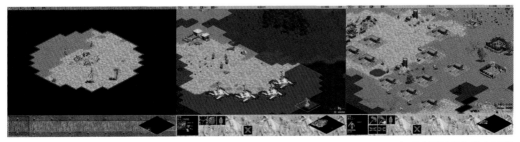

▲ 《帝国时代》势力扩张

虽然不是标准的竞技游戏，但以《文明》系列为代表的 SLG 游戏却是势力扩张成长线的典范。玩家在游戏中的所有策略都是为了最后能使得自己的颜色覆盖大陆上的所有角落。虽然 SLG 游戏的节奏普遍较慢，但"日拱一卒"的渐进式成长却能使玩家疯狂着迷，"寸土必争"说的就是这个意思。

▲《文明 6》

如果你希望势力扩张带来的正向反馈更为快速，可以试试近年来非常流行的"填色"游戏，它所利用的心理机制也有类似的特征，只不过填色游戏是单人进行的，当想要利用势力扩张做多人竞技游戏时，《喷射战士 2》就交出了完美的答卷。这款基于任天堂 Switch 主机开发的游戏目前已经更新到二代，游戏中玩家控制萌萌的角色在第三人称视角下使用各种武器喷射涂料，当踩在由己方颜色覆盖的场地上时，就能给自己的角色加血，而一旦踩到了敌方颜色上，就会开始不停地扣血。这款将射击和动作完美结合的游戏，一经推出就获得了巨大的成功，《喷射战士 2》推出的首周就获得了 110 万套的惊人销量，这也使得《喷射战士》的核心玩法成为多人实时竞技中以势力扩张为主要成长乐趣的经典案例。

▲《喷射战士 2》

3.5.3 实力提升

积累经验、收集装备，这是所有角色扮演类游戏的标准配置。如果一款需要玩家控制角色来行动的游戏中失去了这两项，玩家就会觉得这款游戏不完整。在类似《王者荣耀》的 MOBA 游戏中，每个英雄在战斗内的等级提升都是至关重要的，因为每升一级，英雄的属性就会稍微提升，而有些战斗胜负的决定往往就在毫厘之间，因此玩家会迫不及待地想要快速提升自己的等级，于是在整场战斗中马不停蹄地"补兵""打野"，丝毫不敢耽误。

虽然MOBA游戏中也有收集装备的机制，但2017年收集装备最典型的案例当属《绝地求生》，玩家们在游戏中一遍又一遍地重复爬楼和开门的动作，就是为了在进入战斗状态前凑齐一身好装备。对于整场战斗来说，收集装备是唯一自始至终贯穿的成长线，因此《绝地求生》在随机性的基础上将收集装备的成长线发挥得淋漓尽致。

▲《绝地求生》中不断开门搜寻装备武装自己

3.5.4 蓄势待发

MOBA游戏中的技能CD（技能冷却时间）、卡牌游戏中的积累套牌、赛车游戏中的氮气和大招充能，都属于蓄势待发。

技能CD起到的主要作用是限制玩家在战斗中使用技能的次数，而施放技能又是MOBA游戏中相对爽快的时刻，特别是施放大招并产生期望作用时会给玩家带来极大的兴奋感。因此，技能 CD 的倒计时，也可以用成长线的概念来理解。这是一种通过时间积累的过程，在某些关键时刻，玩家会紧盯着技能 CD 的倒计时，焦灼地等待着倒计时的结束，在技能冷却完成的一刹那，施放出技能置敌人于死地。

除了技能 CD 倒计时之外，MOBA 游戏中的技能搭配也是成长线之一。玩家通过积累经验值提升英雄等级，进而解锁技能，这是成长线之间的相互作用。读者最熟悉的例子应该有《英雄联盟》中的英雄亚索，当英雄为 1 级时，玩家只能在 Q、W、E 中选择一个解锁；当玩家到 2 级时就可以解锁至少两个技能，也许是为了突出亚索这个英雄的连招，设计师为亚索设计了 EQ 二连，当对目标使用 E 技能的同时施放 Q 技能，亚索会施放一个新的招式；当亚索达到 6 级时就可以开启大招，而大招又必须和 Q 技能结合。这一连串的技能配合成长线，使得玩家对英雄的每次升级都会有所期待，并且每次的期待都不会落空，这也许是亚索如此受欢迎的重要原因之一。

▲ 《英雄联盟》中技能以及大招的 CD

通过渐进式的逐步解锁而获得更多的游戏可玩性，最具有代表性的当属竞技卡牌类游戏。"套牌"是竞技卡牌中的代表性玩法，例如，《炉石传说》中，玩家需要在上千张卡牌中挑选自己喜爱的 30 张组成套牌，然后再在战斗中攒齐几乎让敌人无解的核心套牌，从而为自己赢得最终的胜利建立优势。比如一直都很强势的"火妖法"，当玩家精心挑选了 30 张卡牌进入战斗后，需要首先通过对手的职业判断对手的大致套牌，在摸清对手的出牌思路后，一边使用单卡和对手周旋，一边逐渐将火妖法的关键卡"火妖"同其他"低费法术卡"在手牌中攒齐，直到时机合适时与核心套牌一起出场，造成爆发式的伤害。而这个不断周旋、不断凑卡的战斗过程，正是蓄势待发的成长线在卡牌游戏中的体现。

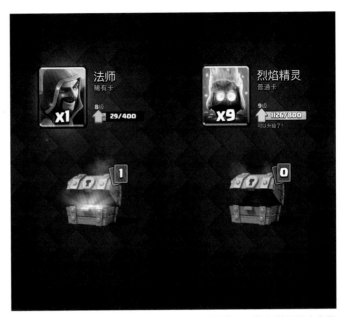

▲ 《炉石传说》套牌

▲ 《皇室战争》中通过不停地抽卡而逐渐积攒起核心套牌

比起一张一张地"攒牌",《极品飞车》中的氮气机制和《守望先锋》中的大招充能就简单许多。当玩家通过时间积累或者操作后,就能在瞬间爆发出极为猛烈的效果,而玩家在蓄能过程中产生的期待感,就是以"蓄势待发"设计成长线的特殊魅力。

▲ 《极品飞车》中的氮气机制和《守望先锋》中的大招充能

第 4 章

游戏角色的技能设计

如果说核心玩法是灵魂，那么在一部分竞技游戏中，技能设计就是血肉。概括说来，MOBA 游戏正是由一个又一个充满奇思妙想却又逻辑严谨的技能组成的。那么我们要如何告别"玩家角度"，转变到"游戏设计者角度"去理解技能设计呢？技能设计其背后的内在逻辑是怎样的？技能设计的边界又在哪里？本章会告诉你答案。

4.1 角色行为的基础逻辑

在上一章中，学习了设计一个核心玩法的基础要素，这足以帮助我们认识并设计一个竞技游戏玩法的基本框架，但只有框架并不能真正建成楼宇。广义上形形色色的技能表现以及其背后的缜密逻辑，是赋予游戏中单位与玩家互动的基础，是让玩家迷恋上游戏单位的原因，更是让竞技游戏充满生命力的血肉。

▲《王者荣耀》英雄的技能图标合集

MOBA 游戏中各个英雄的技能已经成了皇冠上的明珠，赋予了竞技游戏丰富多彩的玩法和战术。本章节将抽丝剥茧地介绍 MOBA 游戏技能设计的基础知识，并对当前眼花缭乱的主流技能类型进行归纳，帮助我们全盘领会技能设计的奥秘。

在 MOBA 游戏中，一般将一个英雄每次攻击的动作拆分成前摇、施法和后摇 3 个阶段。例如，将《英雄联盟》疾风剑豪——亚索的一次普通攻击的动作进行拆分。

前摇阶段：又名"抬手动作"，是指英雄抬起手准备攻击的动作——亚索从刀鞘中拔出武士刀。

施法阶段：造成伤害或者产生效果，可能是一瞬间，也有可能是一个过程——亚索的武士刀碰到敌人。

后摇阶段：收手动作，是指英雄完成施法收回武器的动作——亚索的武士刀从空中收回刀鞘。

将以上 3 个阶段统一起来，就会明白"攻击间隔"是指一次攻击动作完成的总时间，在这个时间内，英雄不能再次进行普通攻击，只能移动或者施放技能。注意，攻击间隔并不等于前摇时间 + 施法时间 + 后摇时间，而往往会大于这三者相加的总时间。

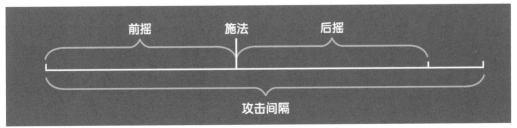

▲ 攻击间隔

在 MOBA 游戏中，每次攻击都由这个循环组成。

移动端 MOBA 与 PC 端 MOBA 的区别在于：PC 端 MOBA 的前摇可以通过键盘上的 S 键立即取消，而移动端 MOBA 中为了简化操作，一次攻击循环一旦进入前摇动作，则无法通过任何方式主动打断。无论是移动端还是 PC 端，MOBA 游戏中的后摇都可以通过对英雄施加移动指令来打断，这个机制是从《星际争霸》和《魔兽争霸 3》就沿袭下来的，因此很多玩家利用这个机制，练习出了"走砍"的操作方式。走砍又称"放风筝"，是指当英雄对着目标进行攻击时，等到前摇动作完成即将进入后摇动作的一刹那，立即控制英雄移动，等到攻击间隔结束后，再次选择目标进行攻击，并不断重复这个动作。

笔者最早尝试"放风筝"，就是在《星际争霸》中使用"喷火车"风筝"小狗"，由于小狗是近战攻击，而喷火车是远程攻击，同时喷火车的移动又极其迅速，因此喷火车可以在让小狗无法近身的情况下杀死小狗，这种操作还被玩家戏称为"遛狗"。"放风筝"不仅仅存在于竞技游戏中，只要控制的是远程类单位，移动速度不是特别缓慢的，玩家都可以获得这种操作带来的乐趣。这种乐趣，也正是攻击间隔流程所赋予的。

攻击速度：指 1 秒内可以进行几次攻击间隔，具体公式为攻击速度 =1/ 攻击间隔时间

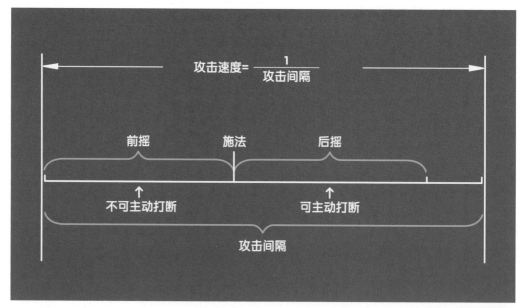

▲ 攻击流程

上图的流程是 MOBA 游戏中最重要的基础流程，MOBA 游戏中各种单位的行为，皆以此循环为基础，认真理解此流程，是接下来学习技能设计的基本要求。

4.2 技能逻辑：剥开表象看逻辑

为了加深读者的印象，再以《光影对决》中乔的普通攻击为例子，结合攻击间隔流程进行讲解。

首先要学习的是技能的完整施放流程：施法条件→指定目标→作用对象→技能效果。

施法条件：指技能施放的限制条件，是技能是否可以发出的先决条件。

作用对象：指技能施放的目标，这里的目标可以是游戏单位，也可以是方向或者坐标，不管作用对象是什么，技能总是需要指定一个作用对象才能施放。

技能效果：指技能施放后对目标产生的预期效果，任何技能都要有技能效果，否则技能就没有了存在的意义。

以上讲解得较为抽象，接下来举个例子来解释，例如，"毁灭箭雨"技能，先看一下该技能的描述——

毁灭箭雨的冷却时间为 9 秒；对扇形范围内更靠前的敌人造成 160 点物理伤害并降低 50% 移动速度，持续 1 秒。

▲《光影对决》中乔的"毁灭箭雨"

游戏设计师必须读懂并深刻理解技能的描述文字（先忽略数字部分，因为数值体系不在本章的讨论范围内），如果以技能施放流程角度去分析，可以将此技能描述拆分成如下几项。

4.2.1 施法条件

冷却值与消耗两个条件必须同时满足，技能才能进入施放的待命状态。冷却值的英文为 cool down，简称 CD。消耗是指施放此技能所需要的魔法值或能量值等。这只是技能描述告诉我们的，而技能描述没有告诉我们的隐性施法条件是"角色必须为静止不动的状态"，意思是施放此技能时角色必须是站立的，不可在移动中施放。所以当玩家在英雄移动时施放此技能，英雄一定会先停止移动，然后再进入前摇，这个条件也是先决条件之一。

当今的 MOBA 游戏中，类似"冷却值"和"魔法值"的施法条件有很多，大致分为以下 5 类：魔法值、能量值、怒气值、命中条件和充能叠加。

1. 魔法值

俗称"蓝量"，MOBA 游戏中大量的英雄都使用魔法值来控制技能消耗，最著名的"耗蓝"英雄是《DotA》中的"风暴之灵"，俗称"蓝猫"。此英雄的第 4 个技能"球状闪电"是其标志性技能之一，技能描述为"风暴之灵被闪电包裹起来，丢弃其物理形态以进行超速移动，直到其魔法耗尽或达到目标……"这意味着当蓝猫使用此技能超速移动时，其移动距离直接和魔法值挂钩，魔法值越多则超速移动的距离就越远。

▲ 《DotA》中蓝猫施放球状闪电

2. 能量值

能量值不同于魔法值和生命值，能量值自始至终都是一个固定的数值，并根据时间等比例回复。例如，《英雄联盟》中的"盲僧"就是一个 5 秒回复 50 点能量的英雄，他的所有技能施放都依赖于能量值的限制。

▲ 《英雄联盟》中盲僧的被动技能

3. 怒气值

不同于能量值的自动获得，怒气值一般会以命中作为判断标准而增长。例如，《王者荣耀》中的张飞，张飞的怒气值虽然会在战斗中自动获得，但增长十分缓慢，而当张飞的技能命中敌人的时候，张飞的怒气值就会快速增长，这和《英雄联盟》的纳尔是一样的。张飞在怒气全满时才能施放大招，玩家想要保持角色的怒气全满，必须不断地使用技能来命中敌人。

▲ 《王者荣耀》中张飞的被动技能

4. 命中条件

有些技能需要命中目标之后才能产生效果。例如《英雄联盟》中亚索的标志性大招"狂风绝息斩"，此技能的施放前提就是敌方目标已经被击飞在半空中。此技能激活的时间窗口非常短暂，因此稍有疏忽就会错过机会，但只要把握时机施放成功，酷炫的技能表现和夸张的伤害效果往往会令玩家兴奋不已。

▲《英雄联盟》中亚索放大招

5. 充能叠加

将玩家的某些行为，如移动、攻击的数值进行积累后，将达到某一标准作为某技能的施放条件，是让玩家获得一定成就感的方法之一。《王者荣耀》中关羽的被动技能"一骑当干"就是代表。当关羽的移动距离积累到 2000 时，关羽将进入冲锋状态，冲锋时对敌人造成普攻伤害和物理伤害。此时冲锋状态的触发，就来自于玩家控制关羽移动时的积累，我们将其归纳为"充能叠加"。

▲《王者荣耀》中关羽的被动技能

4.2.2 指定目标

读取"毁灭箭雨"技能描述中的关键字"扇形范围"，它指明了这是一个方向型的技能，意味着不需要特定目标，只需指定方向即可施放。

指定目标的类型分为目标型、方向型和坐标型 3 类。

1. 目标型

目标型技能需要指定明确的目标才能施放，这种类型非常常见。例如，《英雄联盟》中亚索的 E 技能"踏前斩"，此技能的描述"向目标敌人突进，造成魔法伤害"就非常明确地告诉了玩家，此技能一定要为亚索指定一个敌方目标才能施放成功。

▲《英雄联盟》中亚索的 E 技能

2. 方向型

方向型技能和坐标型技能统称为"非指向型技能"，而非指向型技能的归纳过于笼统，并不能让读者一目了然地了解技能类型，因此笔者把非指向型技能再进行一次拆分，拆分成方向型和坐标型。所谓方向型技能是指以施法者为始发点，向其周围360°的任意一个方向施放技能，方向一般有直线、矩形和扇形等多种，以几何形状为范围的技能效果。

例如，MOBA 游戏中最常见的直线技能，在射手型英雄中尤为普遍，《英雄联盟》中寒冰射手——艾希的大招"魔法水晶箭"、暴走萝莉——金克斯的大招"超究极死神飞弹"等，其基本原理都是英雄发射的物体在一条直线上以一定的速度飞行，飞行过程中会对第一个命中的目标造成伤害。注意这个句式中有几个关键字，如果将它们进行抽象提取，则是"发射的物体""一条直线""一定的速度""飞行""命中的目标"。

▲《英雄联盟》中金克斯放大招

· 发射的物体

发射的物体可以是艾希的弓箭、金克斯的飞弹、亚索的龙卷风，甚至是英雄本人。例如，《英雄联盟》中皮城执法官——蔚的"强能冲拳"，就是把自己当作被发射的物体发射出去，给碰到的敌人造成伤害。总之，这里所讲的发射的物体，可以是任何东西，但前提一定是以施法者本人为始发点。

· 一条直线

此处所要描述的是被发射的物体的移动轨迹，虽然直线是最常见的轨迹，但游戏设计师的想象力是不会被遏制的。例如，《英雄联盟》中皎月女神的 Q 技能"新月打击"，就是以英雄为始发点，施放一个沿着弧形飞行的光束，对弧形轨迹中命中的第一个敌人造成伤害。以线条为轨迹的技能，大量存在于 FPS 游戏中，例如，《守望先锋》的所有英雄几乎都具备这个特征。

除了直线之外，其他常见的基本几何形状如扇形、矩形、圆形等都可以作为技能的生效范围。如《英雄联盟》中赏金猎人——厄运小姐的大招"弹幕时间"就是扇形（又称锥形）的伤害范围；探险家——伊泽瑞尔的大招"精准弹幕"，施放后会对一定宽度的矩形内所有触碰到的敌人造成伤害，这是一个非常强的技能，由于攻击速度非常快，范围又非常广，所以经常让敌人措手不及。

▲《英雄联盟》中伊泽瑞尔放大招

圆形也是 MOBA 游戏中常见的技能类型，通常是以施法者本身为圆心，以一定的长度为半径，给圆形内的目标造成效果。例如，《王者荣耀》中马可波罗的"狂热弹幕"，就是以马可波罗自身为圆心，向周围发射弹幕，对命中的目标造成伤害。

▲《王者荣耀》中马可波罗放大招

· 一定的速度

被发射的物体沿着轨迹移动的速度可以是匀速的，也可以是变速的。例如，寒冰射手的大招就是匀速前进的，而另一个强力射手金克斯大招的炮弹在飞行时就会随着飞行的时间做加速运动，其速度会越来越快，伤害也随之变高。

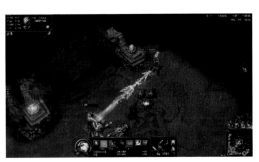

▲《英雄联盟》中寒冰射手放大招

· 飞行

飞行同样也是一个可变量，不仅仅在空中飞行，也可以在地下钻行。例如，《英雄联盟》中熔岩巨兽——墨菲特的 Q 技能"地震碎片"，就是沿着地表做直线运动。所以游戏设计师为了可以不停地设计出更具可玩性的技能，在各种框架中一定要竭尽所能地想象各种各样的可行性。

▲《英雄联盟》中熔岩巨兽的 Q 技能

这里分为两种情况，一种是"第一次命中的目标"，还有一种是"直线上的所有目标"。例如，《王者荣耀》中神梦一刀——橘右京的"居合"技能就是融合了两种情况的技能，此技能的描述为"橘右京快速出剑，对一条路径上的第一个敌人造成伤害，后续敌人承受的伤害衰减50%，被剑气末端命中的敌人将会短暂晕眩"。注意看此处的技能描述，对效果作用单位的描述有如下关键词："第一个""后续敌人""末端"。这意味着此技能会对处在直线上不同位置的敌人都有特殊的效果，这是非常有意思的设计，这样的设计让技能的可能性充满变数，也使得游戏更具策略性。

▲《王者荣耀》中橘右京的"居合"技能

3. 坐标型

不同于方向型技能，坐标型技能的唯一特征是"是否以施法者本身为技能实际产生效果的施法点"。想象一下战争题材的电影中扔手雷的镜头，当士兵将手雷扔向敌人后，手雷会对爆炸时以所在位置为圆心的圆形范围内的敌人造成伤害。虽然手雷的始发点是士兵本身，但是手雷伤害效果的始发点却是其爆炸时所在的位置。之所以要单独拿出来讲解，是因为坐标型技能已经愈发常见，并且在竞技游戏中慢慢地自成一派。例如，《英雄联盟》中酒桶——古拉加斯的大招"爆破酒桶"技能，就是此类型典型的代表，其技能描述为"古拉加斯抛出他的酒桶，酒桶在着陆后会爆炸，对命中的敌人造成伤害，并且将他们从爆炸中震开"；光辉女郎——拉克丝的 E 技能"透光奇点"的描述是"创建一个区域，使其中的地方单位减速，在 5 秒后此区域会爆炸，对区域内的敌人造成伤害"。这两个技能的实际逻辑和之前类比的手雷逻辑并无区别。因此，游戏设计师必须学习技能表现背后的逻辑，只有这样，才能掌握如何设计出千变万化技能效果的技术。

▲《英雄联盟》中古拉加斯放大招

4.2.3 作用对象

读取"毁灭箭雨"技能描述中的关键字"敌人"。敌人一词说明此技能可以对游戏中所有可攻击的单位施放，例如，敌方英雄或者野怪，但对己方英雄及其他单位无效。

作用对象的类型分为敌方单位、己方单位和中立单位。

在竞技游戏中，对抗是永恒的关键词。既然有对抗，就有不同的阵营。在设计技能时，不能只着眼于敌方阵营，也要充分考虑己方阵营和中立阵营。在各大 MOBA 游戏的辅助型职业中，就经常能看到这种类型的技能。例如，《王者荣耀》中孙膑的"时之波动"在施放时可以使一定范围内的友军移动速度和冷却速度提升，还能给友军补充生命值。《英雄联盟》中琴瑟仙女——娑娜（俗称"琴女"）的 Q 技能"英勇赞美诗"、W 技能"坚毅咏叹调"和 E 技能"迅捷奏鸣曲"，既可以对敌人产生效果，同时还会以琴女为中心产生一个光环，进入此光环的己方英雄则会获得增益型效果，娑娜是技能作用于不同阵营对象的代表英雄。

▲《英雄联盟》琴女的技能

4.2.4 技能效果

技能效果的关键词是"物理加成"与"附带减速"。物理加成是指此技能可对英雄的基础伤害进行物理加成，从而造成更多的物理伤害。附带减速意味着此技能可使目标受到伤害的同时，产生移动速度减慢的效果。因此，这是一个带有两种技能效果的复合型技能。在 MOBA 游戏中，大量的技能都是复合型技能，这也是 MOBA 游戏的乐趣与深度所在。

在设计英雄技能之前，首先要向 MOBA 游戏的前人学习，自 1998 年《星际争霸》发布以来，MOBA 游戏已经经历了二十个年头，无数才华横溢的游戏设计师为 MOBA 游戏的发展与完善奉献出自己的智慧。能流传至今的英雄与技能，更是经受住了时间的考验。因此，细致地分析这些传承下来的经典，是我们实现目标的第一步。

作为游戏设计师，更不能只局限于研究 MOBA 游戏，还要在其他类型的游戏，例如在格斗游戏中寻找灵感，正如《英雄联盟》中的蔚与亚索，其灵感正是来自《拳皇》与《侍魂》，而《王者荣耀》更是直接将《侍魂》《拳皇》中的露可娜娜和不知火舞等经典格斗角色植入游戏中。市场证明，这种大胆的融合获得了巨大的成功，也因此向未来的MOBA游戏发展之路迈出了坚实的一步。

▲ 《拳皇》不知火舞

▲ 《侍魂》露可娜娜

将技能以最终效果进行整理，可得到伤害类、防御类、辅助类、控制类和场外因素等5类。再将技能效果以最小化进行整理，则可得到如下数十种类，我们称这些种类为"技能的最小单元"，简称"技能元"。每个技能元都有且只有一种效果，此效果不能继续拆分。

进攻类：普攻、重置普攻（连击）、持续伤害、增加战斗单位、判定条件致死和暴击。

防御类：不被普攻选中、不被技能选中、多条命、不被消灭和不被技能效果作用。

辅助类：改变攻击力、改变攻速、改变法强、改变生命值、改变最大生命值、改变护甲、改变魔抗、改变移动速度、改变攻击距离、改变其他属性、改变作用范围、改变当前坐标、分身和隐身。

控制类：禁止普攻、禁止施放技能、禁止移动、改变目标的目标、硬控和软控。

场外因素：改变地形、寻找特殊地形、改变资源获取和改变视野。

作为MOBA游戏设计师，甚至拓展到竞技游戏设计师，如若能掌握以上技能元，则可掌握大部分的竞技游戏技能设计。接下来，笔者将以概念解释和3个实际应用的案例尽可能透彻地讲解每个技能元，帮助读者融会贯通。

🖱 1. 进攻类

· 普攻

普攻的全称是普通攻击，俗称"平A"，一般是指使用基础攻击属性而无须消耗任何数值的攻击方式。所有 MOBA 游戏都有普攻，但并不是所有竞技游戏都有普攻。例如，《星际争霸》中的人族铁鸦等就没有普通攻击，因此普攻一般和基础攻击属性相关联。

· 重置普攻（连击）

已知一次完整的攻击流程需要包含前摇、施法与后摇 3 个部分，这个流程中虽然玩家可以打断后摇，但并不能在后摇中立即进行下一次普通攻击，而所谓的"重置普攻"就是允许玩家在第一次普攻前摇结束后立即跳过攻击间隔进行下一次普攻，有时此机制又被俗称为"连击"，注意需要与"连招"区别。

重置普攻的技能在描述时，往往会有"使你的下一次普攻……"之类的前缀说明，代表例子是《英雄联盟》中德玛西亚之力——盖伦的 Q 技能"致命打击"，其技能描述为"在接下来的 4.5 秒内，他的下次普通攻击会造成更多的物理伤害，并沉默目标"。这个技能的机制可以使第一次普攻的攻击间隔立即结束并允许玩家紧接着进行第二次普攻，从而实现"A → Q → A"的连招效果。

▲《英雄联盟》中盖伦的 Q 技能描述

· 持续伤害

持续伤害一般以 DeBuff 的形式存在，其描述一般包含间隔时间与伤害数值。持续伤害的技能效果在 MOBA 游戏中也是非常常见的,例如,流血、中毒和瘟疫等效果描述都是持续伤害的一种表现形式。

·增加战斗单位（召唤）

召唤的具体表现有非常多种,但其本质逻辑都是增加攻击方,在一定条件下增加单位数量。

此技能常见于各大竞技游戏,甚至是 MMORPG 游戏中。例如,《魔兽世界》中的猎人职业就可以通过召唤宠物增强自己的攻击能力。在 MOBA 游戏中,此技能元最具代表性的英雄就是《英雄联盟》中的黑暗之女——安妮。不管安妮在何种情境下出场,一只可爱而诡异的布偶熊总与她形影不离,安妮可以在战斗中使用"提伯斯之怒"召唤熊,并在熊落地的一瞬间对目标范围内的敌人造成若干魔法伤害,同时提伯斯会灼烧在其附近的敌人。召唤出来的单位不仅可以用作攻击,还可以用作辅助,例如,《英雄联盟》中的仙灵女巫——璐璐就可以用她的小宠物"皮克斯"为友军提供抵挡伤害的护盾。因此召唤单位是一个很好用的技能元,如果形象还设计得卡通可爱,则拥有此技能元的角色往往深受女性玩家的喜爱。

▲ 《英雄联盟》中安妮召唤熊的技能描述

· 判定条件致死

游戏单位通常都会有两种状态，一种是存在，一种是消灭。所谓判定条件致死是指在一定条件下，可将敌方目标的状态立即从生存切换为消灭。

致死型技能在《DotA》中比较常见，在后来的《英雄联盟》或《王者荣耀》中则极为罕见，其原因在下文中笔者会详细阐述。此处只需了解这个技能的机制，例如，《DOTA2》中斧王的第 4 个技能"淘汰之刃"，就是此机制下的典型代表："斧王寻找弱点出击，直接秒杀低血量的敌方单位，血量如果过高则只造成一定伤害。"《DOTA2》的技能描述往往都有一个特点，即很少把具体情况表达清楚，此处也只能通过玩家长期探索才能发现在敌方目标的血量低于 20% 的情况下时，施放此技能，则必然可以让目标立即死亡。

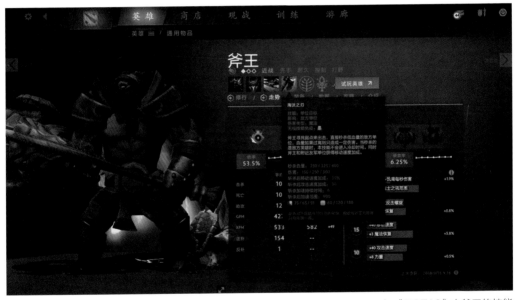

▲ 《DOTA2》中斧王的技能

· 暴击

这里的暴击分为暴击率和暴击伤害两个部分。改变暴击率是指提高或降低 100 次普攻中发生的暴击次数，改变暴击伤害是指增加或减少产生暴击时所造成的伤害。

暴击是游戏中最常见的技能类型，不仅大量存在于 MOBA 游戏中，也存在于 RPG 和 SLG 等游戏中。例如，《英雄联盟》中亚索通过出装和技能加点，使自己在战斗后期基本上每次普攻都必然暴击，最重要的是，亚索得益于被动技能"浪客之道"，此技能可使亚索的暴击概率翻倍，这意味着在同样的基础暴击收益下，亚索的暴击收益是其他英雄的两倍。更有甚者，《王者荣耀》阿珂的被动技能"死吻"是让暴击的数字游戏得到了最大化的表现。阿珂在敌人身后发起的攻击，必定暴击，阿珂每 1% 暴击概率将提升额外的 0.5% 暴击伤害，阿珂发动的所有正面进攻，都不能产生暴击效果。阿珂的这个被动技能设计，让暴击伤害与暴击概率数值联动起来，玩家只要把握好时机和输出位置，可在短时间内产生巨大的暴击伤害。这些都是让玩家兴奋的被动技能。

▲《王者荣耀》中阿轲的死吻技能描述

2. 防御类

· 不被普攻选中与不被技能选中

指向型技能最大的特点是只能对目标单位施放，因此在施放时一定要选中一个目标，如果目标不能被选中，则指向型技能就无法施放。例如，《英雄联盟》中潮汐海灵——菲兹（俗称小鱼人）的 E 技能"潮汐海灵"，菲兹撑起它的三叉戟并朝着指针悬停处跳跃，暂时变得不可被选取。当小鱼人使用此技能时，它就成了不可被选中的状态，敌人无法对其使用普攻或者任何技能。值得注意的是，不可被选中造成的结果虽然和无敌类似，但不可被选中是 RTS 和 MOBA 游戏中非常重要的单位状态，大量的技能在施放的过程中会使用此状态。例如，《英雄联盟》中无极剑圣——易的 Q 技能"阿尔法突袭"，当剑圣在 4 个目标中依次跳跃造成伤害的过程中，易是无法被敌方目标选中的，因此此技能也无法被打断。因此，当我们在设计某些技能时，一定要考虑到是否可以被选中的问题。

▲《英雄联盟》中小鱼人的 E 技能

▲《英雄联盟》中无极剑圣的 Q 技能

· 多条命

如前文所说，单位通常都有存在和消灭两种状态。此处所说的多条命，是指严格意义上的从消灭状态回归到存在状态。

这种机制乍一看并不常见，而实际上仔细挖掘，就会发现其存在于很多 MOBA 游戏的英雄身上。多条命机制里最具代表性的莫过于《DOTA2》中冥魂大帝（俗称骷髅王）的"重生"技能。当骷髅王点出重生技能，他在一定时间内被杀死后，可以原地复活，并对其附近的敌人造成减速效果。《英雄联盟》中冰晶凤凰——艾尼维亚在死后会变成一个"凤凰蛋"，在这段时间内，如果没有人把这颗蛋杀掉，凤凰就会重生。凤凰涅槃，这无疑会给玩家带来更紧张、刺激的游戏体验。

▲ 《DOTA2》中骷髅王的重生技能

▲ 《英雄联盟》中水晶凤凰死后变凤凰蛋

· 不被消灭

游戏单位在一定条件下，不会被任何外力改变其存在的状态。要注意和无敌概念区分开，无敌虽然也能带来不被消灭的结果，但从机制上来说两者有本质的区别。

此机制下最具代表性的英雄是《英雄联盟》中蛮族之王——泰达米尔（俗称蛮王）的大招技能"无尽怒火"，施放此技能可以让蛮王在 5 秒内对死亡免疫，这意味着在这 5 秒内，无论使用什么样的外力，都无法改变蛮王的存在状态；同时蛮王还可以瞬间获得大量的怒气值，因此又被玩家戏称为"5 秒真男人"。

▲ 《英雄联盟》中蛮王的大招技能

· 不被技能效果作用

本小节所讲的所有技能元就是技能效果的最小单元，因此顾名思义，不被技能效果作用，就是指免疫本小节所列出的各种各样的技能元。

此机制也要与无敌划清界限，严格意义上的无敌只是免疫一切伤害，保证单位的血量不会降低；而不被技能效果作用，在实际的游戏中往往会具体指出不被哪一类的技能效果作用。例如，《王者荣耀》中刘备的"以德服人"技能，施放此技能时刘备将清除身上的所有控制效果，并为自己产生一个护盾，护盾存在的期间刘备会免疫一切控制技能，同时会吸收一定的伤害。同样，《英雄联盟》中莫甘娜的 E 技能也可以为自己产生一个免疫

控制技能的盾。控制类技能在下文会详细介
绍，MOBA 游戏中的绝大部分不被技能效
果作用的技能类型都是控制型技能。

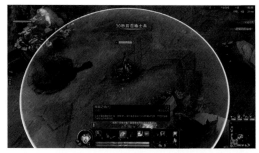

▲《英雄联盟》中莫甘娜的 E 技能

3. 辅助类

· 改变攻击力

顾名思义，就是提高或降低单位的基础攻击力。需要注意的是，此处的基础攻击力，
一般是指物理攻击力，区别于魔法攻击力，具体的数值类型之后会详细介绍。

市面上各种各样的 MOBA 游戏有一个共同之处，即都存在改变攻击力的技能。例如，
《英雄联盟》中易大师使用 E 技能"无极剑道"后，攻击力增加 10% 的同时会给普通攻
击造成若干点额外伤害。再如，《王者荣耀》中的曹操，当他施放"浴血枭雄"技能后，
可大幅度提升自己的攻击力多达 20%。直接通过技能提升攻击力，可给玩家带来更强烈
的兴奋感，反之，如果攻击力被降低则会感到沮丧。

最具有代表性的例子是《DOTA2》中孽主的"衰退光环"技能，当光环被开启后，
孽主身边处在光环内的所有敌方单位的基础攻击力都会被削弱。

改变攻击力不仅可以降低敌方目标的攻击力，有些技能也会降低自己角色的攻击力而
换取其他属性的提升，虽然这样的技能很少。
《DOTA2》中著名英雄风行者的"集中火力"
技能就是通过牺牲自己 1/3~1/2 的攻击伤害
换取 500 的攻击速度提升。因此，虽然降
低了自己的攻击力，但由于在其他属性上给
予了补偿，反而提高了玩家游戏时的策略性，
增加了游戏的耐玩度。

▲《DOTA2》中孽主的"衰退光环"技能

· 改变攻速

攻速指攻击速度，改变攻速指提高或降低游戏单位的基础攻击间隔，攻击速度 =1/ 攻
击间隔。改变攻速在 MOBA 的射手型英雄中非常常见，《英雄联盟》中金克斯的"罪恶快

感"就是一个典型的通过提高攻速给玩家带来快感的被动技能。在战斗中每当金克斯造成英雄击杀或者助攻后，金克斯的攻击速度和移动速度会在一小段时间内获得极大的提升，此时给玩家带来的爽快感反馈是无与伦比的，此技能也帮助金克斯成为《英雄联盟》最受欢迎的角色之一。同攻击力一样，攻击速度作为单位的基础属性，也同样可以进行交换。金克斯的 Q 技能"枪炮交响曲"就是一个典型的"以攻速换攻击力"的案例。当金克斯使用 Q 技能将武器切换为火箭发射器时，她的普通攻击速度降低 25%，但伤害提高了110%，射程提高 75~175，这样的设计极大地提升了玩家在战斗中的操作空间，结合前文提到的被动技能，玩家经常可以操控金克斯打出漂亮的连招效果，这就实现了玩家们常说的"秀操作"的目的。

▲《英雄联盟》中金克斯的 Q 技能

· 改变法强

法强指法术强度，是区别于物理攻击的另一个数值类型。改变法强指提高或降低单位的基础魔法强度。典型代表是《王者荣耀》中嬴政的"王者守御"技能，当玩家开启该技能后，其被动部分会让嬴政永久增加 70~140 的法术强度，而当嬴政使用此技能后，更会在一定时间内增加 140~280 的法术强度，再结合其他装备带来的效果，嬴政可以在短时间内对敌方目标造成巨大的法术伤害，这让他成为《王者荣耀》中具有高爆发能力的英雄之一。具有同样法术爆发效果的还有《英雄联盟》中的邪恶小法师——维迦，其被动技能"超凡邪力"十分让玩家着迷。每当他用技能攻击一名敌人或拆毁防御塔时，都会为维迦带来永久的法术强度提升的效果，因此在实际战斗中，维迦通过战斗前期的积累，可在战斗后期达到秒杀敌人的效果，大大地提高了玩家在战斗内的兴奋度。

▲ 《英雄联盟》中邪恶小法师的被动技能

· 改变生命值与改变最大生命值

提高或降低游戏单位的生命值, 生命值分为最大生命值和当前生命值。最大生命值指血条的最大可容纳血量, 当前生命值指血条剩余的血量。这是 MOBA 游戏中最常见的技能类型之一, 更多的血量意味着更持久的续航能力, 延长玩家在战斗中的持续时间。例如,《英雄联盟》中无极剑圣——易大师的冥想技能, 就可以为自己回复一定的生命值, 从而增加英雄的当前血量。同时, 几乎所有游戏都有血瓶道具, 这是更直接的代表。

▲ 《英雄联盟》中无极剑圣的冥想技能

生命值同样可以与其他属性交换, 虽然 MOBA 游戏中这样的例子并不多, 但 RTS 游戏的代表作《星际争霸》中的人族机枪兵是典型的例子。玩家可以给机枪兵升级"兴奋剂"技能, 当机枪兵使用兴奋剂后, 血量降低 1/3 左右, 但攻击速度和移动速度却会大幅提高, 十分过瘾。

生命值不仅可以向人族机枪兵一样换攻速和移速，还可以换伤害，最极端的例子同样是《星际争霸2》中的虫族单位"爆虫"。它会以"自杀式袭击"的方式冲向敌方目标，造成一定伤害的同时自己也会死亡，其背后的实际逻辑正是"生命值与伤害的交换"。

▲《星际争霸》中机枪兵的兴奋剂技能

▲《星际争霸》中爆虫的自杀技能

· 改变护甲和魔抗

提高或降低游戏单位的护甲，此处所说的护甲指物理护甲。魔抗指魔法抗性，改变魔抗就是提高或降低单位魔法抗性的数值。一提及护甲，不少玩家的第一反应就是护盾，用以减免伤害。

作为众多游戏类型的基础属性之一，护甲也是最常见的数值类型。《星际争霸》中的所有单位，包括建筑单位，都有护甲值的体现，并通过提升科技以提高护甲值，神族单位还有单独的星灵护盾。

▲《星际争霸》中的星灵护盾

在MOBA游戏的众多技能中，改变护甲和魔抗的情况更多地出现在装备系统中。例如，《英雄联盟》的布甲、锁子甲和守望者铠甲等，都是专门为英雄提高护甲而准备的；抗魔斗篷、负极斗篷和深渊面具等装备是为提高魔抗准备的。

· 改变移动速度和改变当前坐标

提高或降低游戏单位的基础移动速度。需要与改变当前坐标的概念加以区分，改变移动速度指使游戏单位从A点到B点的移动过程所需的时间缩短，而改变当前坐标则是让游戏单位从A点到B点的过程几乎可以忽略不计。

改变移速的技能有很多，例如，《王者荣耀》中兰陵王的被动技能"秘技·极意"，当兰陵王朝敌方英雄移动时会提升20%移动速度，以便他快速切入战场或追杀敌方英雄。在战士型英雄中常见的"冲锋"也是同样的原理，例如，《王者荣耀》中曹操的"霸道之刃"，使用后能让曹操以更快的速度冲向敌方目标，是先手开团很好用的技能。提升移速最具代表性的例子是《DOTA2》中风暴之灵的大招，大幅度地提升英雄速度，让风暴之灵在全地图中翻滚，时而切入团战中造成魔法伤害，时而快速离开战场躲避攻击，这样的技能会让玩家玩得过瘾，也增强了游戏的观赏性。

▲《王者荣耀》中兰陵王的被动技能

▲《王者荣耀》中曹操的霸道之刃技能

▲《DOTA2》中风暴之灵的大招技能

　　改变当前坐标指大范围、快速地改变单位在地图中的位置，该技能也被称为"位移型技能"。因为可以让玩家花式"秀"操作，所以位移型技能是MOBA游戏中玩家最喜爱的技能类型之一。有很多技能适用于此技能元，例如，《英雄联盟》中召唤师的技能"闪现"，以及各种"钩子技能"。《DOTA2》中帕吉和《王者荣耀》中钟馗的钩子技能（湮灭之锁）都是此技能元的代表型技能。同样，"传送"也是此类型的代表技能之一，在《英雄联盟》中的召唤师技能中就有"传送"，此技能方便队友快速前往支援，加快游戏节奏。符文法师——瑞兹的大招"曲镜折跃"则会带来更加夸张的"群体传送"效果。

▲《DOTA2》中帕吉的钩子技能

▲《英雄联盟》中的闪现技能

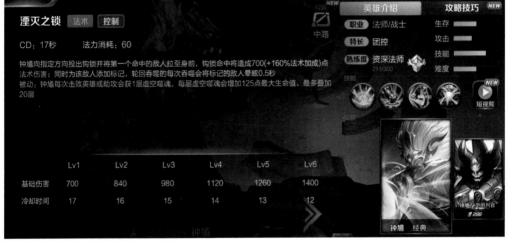
▲《王者荣耀》中钟馗的钩子技能

· 改变攻击距离

增加或减少单位的最大攻击范围。因为近战单位的射程相对固定，所以一般在"射手类"英雄的技能上改变攻击距离。例如，《英雄联盟》中深渊巨口——克格莫的 E 技能"生化弹幕"，此技能被激活后可使他在接下来一定时间内的普通攻击增加 130~210 的攻击距离；麦林炮手——崔丝塔娜的被动技能直接说明普攻射程会随着她的等级逐渐增加。

射手的机动能力普遍较弱，往往要站在队伍的后排起输出作用，因此射程属性往往是射手的看家本领。

▲《英雄联盟》中克格莫的 E 技能

▲《英雄联盟》中崔丝塔娜的被动技能

· 改变其他属性

除了上述属性之外，MOBA 游戏中数值体系的许多属性都能被技能改变，例如蓝量和怒气值等。因为不同的竞技游戏有不同的核心数值系统，所以在此就不一一赘述了。

通过改变属性来设计技能是竞技游戏中常见的设计方式，每个英雄或多或少会有这样的特征，游戏设计师如果想设计出更有创意、更有惊喜感的技能，仍然要从重组技能逻辑着手，不可过多依赖改变数值简单拼凑出技能的方法。

· 分身

与召唤单位不同，分身特指以游戏单位本身为原型复制一个新的单位，复制出的单位往往带有属性上的差异。最具代表性的例子莫过于《魔兽争霸 3》中的经典英雄剑圣，他的"镜像"技能可以制造出剑圣幻影来迷惑对手，当双方英雄对阵，对面出现 3 个一模一样的剑圣时，如果不是非常熟练的老玩家，都会不知所措地思考究竟哪一个才是真实的剑圣。在 MOBA 游戏中，类似分身的技能屡见不鲜，例如，《英雄联盟》中齐天大圣——孙悟空的"真假猴王"技能也具有类似的效果，区别是场景中只留下替身。

▲《英雄联盟》中孙悟空的真假猴王技能

· 隐身

隐身技能在竞技游戏中十分常见，尽管这会给对手带来不好的体验——新手在竞技游戏中最无法承受的挫败感就是来自于使用了隐身技能的敌方单位。玩家一般是从"英雄的当前使用者"的角度思考，而并不会考虑战斗双方的感受。因此游戏设计师在思考技能设计时，要站在更高的角度俯瞰施法者与受击者双方的体验与感受。隐身固然是一个十分强力的技能元，但游戏的其他地方一定要有可以反隐身的方法。在大部分 MOBA 游戏中，隐身已经不再单单以技能的方式呈现，它更是游戏本身战略性机制的一部分。例如，《英雄联盟》和《王者荣耀》等游戏中的草丛机制，当英雄进入草丛中时可对草丛外的单位隐身，这是隐身机制在游戏规则设计中的典型代表。草丛的出现大大丰富了游戏的策略性和随机性，使得游戏的可玩性与耐玩性大大提高。

▲ 《英雄联盟》中任意一个英雄躲在草丛中

隐身技能本身的存在就是多种多样的，以敌方的视野和距离的关系为出发点，分为如下类型。

（1）是否可见与距离有关。

例如，《英雄联盟》中寡妇制造者——伊芙琳的被动技能"暗影迷踪"，在脱离战斗之后，伊芙琳就会进入隐身状态，但她的隐身是与距离挂钩的，当敌方英雄与伊芙琳的距离过近时，伊芙琳就会在敌方英雄的视野内出现。

（2）是否可见与距离无关。

当《英雄联盟》中的薇恩施放大招"终极时刻"时，虽然仅仅只有短暂的 1 秒，但无论距离多近，都不会有人看到她，此时薇恩的隐身与距离无关，是真正意义上的隐身。只是这种隐身对敌方玩家过于不友好，因此时间很短暂，仅仅只有 1 秒钟，然而也正是因为有了这 1 秒钟的短暂瞬间，拉开了高手与新手的差距。

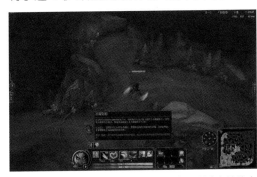

▲ 《英雄联盟》中寡妇制造者的隐身

▲ 《英雄联盟》中薇恩的大招技能

在绝大部分的竞技游戏中，游戏单位隐身之后单位间的碰撞仍然存在，意味着仍然可以收到非指向型技能所造成的效果。《英雄联盟》中的孙悟空虽然使用了隐身技能让敌人无法看到，但此时金克斯的大招如果触碰到了孙悟空的真身，仍然可以打中并造成应有的伤害。因此，一定要严谨地区分隐身的具体形式，避免技能逻辑上的瑕疵。

4. 控制类

· 降低移速

降低目标的移动速度，起到一定的限制敌人移动的作用。以此为技能元的技能极多，并且花样丰富。减速是一个具有悠久历史的控制类技能，在竞技游戏以外的其他各种类型游戏上都有所涉及。如果一个法师类或者射手类的英雄具有减速效果技能，更易为玩家"秀"操作预留空间。

· 禁止移动

区别于降低移动速度，此处禁止移动是指让游戏单位彻底无法移动。例如，《英雄联盟》中金克斯的"嚼火者手雷"，踩中手雷的单位在 1.5 秒内将无法对玩家的移动指令给予任何

反馈。要注意的是，所谓的"让单位彻底无法移动"，是指让单位无法被其操作的玩家使用普通移动指令控制，但在某些情况下，使用移动技能仍然可以获得一定的移动效果。例如，被拉克丝 Q 技能禁锢的单位，仍然可以使用闪现改变位置。因此在设计"禁止移动"相关的技能时，一定要谨慎地将技能元的优先级排序，例如，改变单位坐标 > 禁止移动。

▲《英雄联盟》中金克斯的嚼火者手雷技能

· 禁止施放技能

限制单位施放技能。"沉默"是此技能元最常见的表现之一，当单位被沉默以后，单位无法主动施放任何技能——注意是主动施放，因为在大部分情况下，被动技能或者某些触发型技能仍然起作用。

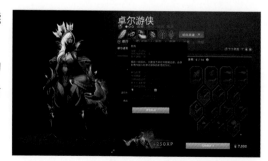

▲《DOTA2》中卓尔游侠的沉默技能

· 禁止普攻

限制单位进行普通攻击。

· 改变目标的目标

强制改变目标当前的目标——这听起来有些拗口，但在实际游戏中较为常见，例如，《英雄联盟》中九尾妖狐的魅惑技能和《DOTA2》中斧王的嘲讽技能，都是属于强制改变目标单位当前目标的技能元。

▲ 《英雄联盟》中九尾妖狐的魅惑技能

▲ 《DOTA2》中斧王的嘲讽技能

· 硬控与软控

硬控是指一个控制技能存在让对方玩家无法操作的效果，往往是多个控制类技能元的组合。例如，《英雄联盟》中的亚索在吹风后，目标在被滞空不到 1 秒的时间内，包含了禁止移动、禁止施放技能和禁止普攻 3 个技能元。在滞空期间，玩家无法对英雄进行任何操作。硬控类技能由于过于强势，在《英雄联盟》及其以后出品的 MOBA 游戏中较为少见。

软控是指单位在被控制期间，玩家仍然可以对其进行操作，虽然操作往往受到限制。例如，同样在《英雄联盟》中非常出名的英雄光辉女郎——拉克丝，她的两个控制型技能作用到目标以后，目标在被禁止移动或减速的同时，仍然可以进行如普通攻击和施放技能等操作。对于大部分玩家而言，软控往往比硬控更友好。在如今以《王者荣耀》为代表的新型 MOBA 游戏中，软控的比重更大一些，以满足更广泛玩家的需求。

▲ 拉克丝的技能

▲ 拉克丝的技能（续）

5. 场外因素

· 改变地形

改变地图中的地形，主要用于限制目标的移动区域或增加目标的移动区域。可以通过改变地形而增加战术的英雄都具有策略性。为了游戏模式的统一性，竞技游戏的主流地图往往在相当长的一段时间内并不会轻易被修改，而可以临时改变地形的技能，会在一小段时间内打破固有格局，丰富游戏的可玩性。

在《DOTA2》中，撼地者的"沟壑"技能是最具代表性的——自己的面前立即出现一条沟壑，可瞬间对原本就非常狭窄的固定道路进行重新切割，可以暂时地阻断敌我双方单位的移动路线。更夸张的是《英雄联盟》中德玛西皇子的 R 技能，施放后会在地图中立即形成一个包围圈，将所有游戏单位困入其中，如果玩家运用得恰到好处，可以围困敌人让他们无处可逃。

▲ 《DOTA2》中撼地者的沟壑技能

▲ 《英雄联盟》中德玛西皇子的大招施放

· 寻找特殊地形

使目标进入地图中的某类地形中。此技能元较为少见，但也不能忽视，如果使用得当，会成为英雄的点睛之笔。例如，《DOTA2》中齐天大圣的"丛林之舞"，玩家施放此技能后，可以使齐天大圣跳到树上。

▲ 《DOTA2》中齐天大圣施放丛林之舞时的效果

· 改变资源获取

增加或减少目标在战斗中的资源获取方式。此技能元最具代表性的莫过于《英雄联盟》中卡牌大师的被动技能，能让英雄每次击杀敌方单位后都额外获得金币，这使得卡牌的战斗内经济增长加快，可以比其他英雄更早购买所需装备。

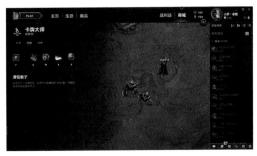

▲ 《英雄联盟》中卡牌大师的被动技能

加大或缩小目标在战斗中的视野范围。例如，《英雄联盟》中的烬在放大招时，镜头会拉高并提供给玩家更大的视野，效果十分壮观。

▲ 《英雄联盟》中烬施放大招时镜头拉高、视野加大的效果

4.2.5 将技能元组成复合型技能

上文中，笔者用大量的篇幅逐个讲解了目前主流技能的最小单元，这利于读者认识并理解当今竞技游戏中关于技能的最细碎的知识点。这些技能元就好像七巧板中的每一个部件，游戏设计师要将这些部件合理地摆放成更加美观且整体的图形。

以《星际争霸 2》为代表的 RTS 游戏采用的仍然是以上述各种技能元为主要载体的技能设计。但在以《DOTA2》和《英雄联盟》为代表的 MOBA 游戏中，将技能元通过巧妙的创意、严谨的逻辑重新组合成复合型技能，已经成为这类游戏的主要乐趣点。复合型技能可以给 MOBA 游戏带来更深的操作深度、更耐玩的游戏性，是 MOBA 游戏可以成为目前主流的竞技游戏类型的重要因素之一。然而不可忽略的是，越来越复杂的复合型技能也会成为新玩家接受游戏的绊脚石，因为越来越复杂的技能代表着越来越高的学习成本。

本节将以《英雄联盟》最受欢迎的英雄为案例，详细讲述游戏设计师是如何化整为零，将数十种技能元重新排列组合而设计出让玩家爱不释手的复合型技能的。

1.《英雄联盟》孙悟空

大部分的硬控类技能都属于复合型技能。例如，《英雄联盟》中寒冰射手——艾希的大招"魔法水晶箭"可对命中的第一个敌方英雄造成眩晕，而眩晕这个技能，将其细致拆分后可以发现，这实际上是若干个技能元组成的高级技能效果。在单位被眩晕的过程中，单位不可移动、不可施放技能和不可普攻，艾希的水晶箭同时还会造成伤害，因此单位又被降低了当前的生命值。由此可以发现魔法水晶箭的技能单元组成为：

魔法水晶箭 = 改变当前生命值 + 禁止移动 + 禁止施放技能 + 禁止普攻

以《英雄联盟》中的齐天大圣——孙悟空为例讲解。

▲《英雄联盟》中孙悟空的介绍

被动技能——金刚不坏。孙悟空的护甲和魔法抗性根据周围的敌方英雄数量而增加。金刚不坏 = 改变护甲 + 改变魔抗。

▲ 孙悟空的金刚不坏技能

119

Q 技能——粉碎打击。孙悟空的下次攻击提升 125 距离，造成 30~150 点额外物理伤害，并减少敌人 10%~30% 护甲，持续 3 秒。粉碎打击 = 改变攻击距离 + 改变当前生命值 + 改变护甲。

▲ 孙悟空的 Q 技能

W 技能——真假猴王。孙悟空进入隐形状态，持续 1.5 秒，并留下一个替身。1.5 秒后替身会给敌人造成 70~250 点魔法伤害。真假猴王 = 隐身 + 分身 + 改变当前生命值。

▲ 孙悟空的 W 技能

E 技能——腾云突击。孙悟空突进至目标敌人处，变出最多两个分身，攻击附近的目标。对每个击中的目标造成 60~240 点物理伤害。孙悟空随后会提升 30%~50% 的攻击速度，持续 4 秒。腾云突击 = 改变移动速度 + 分身 + 改变当前生命值 + 改变攻速。

TIPS

此处需要注意"突进"概念的本质就是短时间内提高移动速度。

R 技能——大闹天宫。孙悟空伸展金箍棒不断旋转，持续 4 秒，每秒对附近的敌人造成 20~200 点物理伤害，并在第一次命中敌人时将其击飞 1 秒。在开始时，孙悟空获得 15% 移动速度，并且在持续期间每秒获得 10% 移动速度。大闹天宫 = 改变当前生命值 + 禁止移动 + 禁止普攻 + 禁止施放技能 + 改变移动速度。

▲ 孙悟空的 E 技能

▲ 孙悟空的 R 技能

2.《英雄联盟》崔斯特

为了让读者充分理解关于"针对技能元进行排列组合而获得复合型技能"的概念，接下来更进一步，以《英雄联盟》中的卡牌大师——崔斯特为例子，解释更加复杂的使用复合型技能为主要技能类型的英雄案例。

▲《英雄联盟》中崔斯特的介绍

被动技能——灌铅骰子。在击杀了一名单位后，崔斯特会投掷他的幸运骰，并随机获得 1~6 的额外赏金。灌铅骰子 = 改变资源获取。

Q 技能——万能牌。扔出 3 张牌，这些卡牌会对沿途的每个敌人造成 60~240 点魔法伤害。万能牌 = 改变当前生命值。

▲ 崔斯特的被动技能

▲ 崔斯特的 Q 技能

W 技能——选牌。单击技能开始洗牌，再次单击选择一张牌，选牌后下次攻击附加卡牌特效。蓝色卡牌对目标造成魔法伤害，并回复法力值；红色卡牌对目标及目标周围的敌

121

方单位造成魔法伤害并减速，持续 2.5 秒；金色卡牌对目标造成魔法伤害并眩晕目标。选牌 = 改变当前生命值 + 改变作用范围 + 改变魔法值 + 改变移动速度 + 禁止移动 + 禁止普攻 + 禁止施放技能。

E 技能——卡牌骗术。每 4 次攻击，崔斯特造成额外的魔法伤害。此外，他的攻击速度会逐级增加。选牌 = 改变攻击力 + 改变攻击速度。

▲ 崔斯特的 W 技能

▲ 崔斯特的 E 技能

R 技能——命运。提供地图上所有敌方英雄的真实视野。当命运技能被激活，再次使用此技能可以在引导 1.5 秒后将崔斯特传送到 5500 码以内的任何地方。命运 = 改变视野 + 改变单位坐标。

▲ 崔斯特的 R 技能

卡牌大师的 W 技能是《英雄联盟》中逻辑最为复杂的复合型技能之一，它实际上是由 3 个子技能通过一个切换逻辑组合而成，这 3 个子技能由 7 个技能元重新排列组合而成。

4.2.6 连招与技能缓存

连招最早出现于动作类游戏中，在各种格斗游戏中被发扬光大。成功地施放一连串让人炫目的连招而让对手毫无招架之力，是刺激玩家肾上腺素飙升的强大动因。那么当我们剥开连招酷炫表现的外衣，连招本质的实现逻辑又是怎样的呢？

概括地讲，连招是一条互为触发条件的状态链，当玩家控制角色进入一个状态的期间内，玩家给予角色新的指令，角色就会进入一个新的叠加状态。最常见的莫过于几乎所有动作类游戏都会有的"跳砍"类连招：玩家先控制角色跳起，在角色浮空期间再控制角色攻击，角色就会从空中向地面俯冲攻击。跳起接攻击产生新的攻击效果，这是一个最简单的连招表现。

归纳为逻辑链：玩家输入指令 A →触发角色进入状态 A →角色持续在状态 A →玩家输入指令 B →触发角色进入状态 C，以此类推。在这个链条中，当角色不在状态 A 中，玩家输入指令 B，角色只会单独进入状态 B，只有符合上述逻辑，才能进入状态 C。

QTE（quick time event）机制则是连招的另一种表现形式。著名动作游戏《战神》系列中大量使用这个机制，很多动作类游戏在营销中也会经常用到 QTE 作为宣传噱头。不管是广泛意义的连招还是 QTE，其本质都与角色的状态有关。在竞技游戏中，连招的使用也是屡见不鲜，并受到玩家的广泛追捧。

例如，《英雄联盟》中的亚索（本书多次用亚索举例，这几乎是《英雄联盟》中设计得最成功的英雄之一），当玩家单独使用 Q 技能时，亚索会往前方施放一个矩形范围的伤害技能，而当玩家单独使用 E 技能时，亚索则会往敌方目标点上快速移动。但是，当玩家先使用 E 技能，并且在快速移动的状态消失之前再使用 Q 技能，则会在到达目标点时在周围施放一个圆形范围的伤害技能，这是一个不同于 Q 技能的新技能，只有玩家使用 EQ 二连时才会触发。

▲ 亚索 EQ 二连时的技能

那么连招又是如何实现的呢？这就涉及"技能缓存"的概念。

技能缓存是指对玩家的连续操作进行记忆，然后逐条播放。例如，在亚索使用 E 技能往目标点上移动的过程中，由于移动是一个持续状态，因此亚索在这个状态中对玩家输入新的操作指令并不会立即响应，但会先记忆，直到移动的状态结束后才会对刚才记忆的玩家指令进行响应。

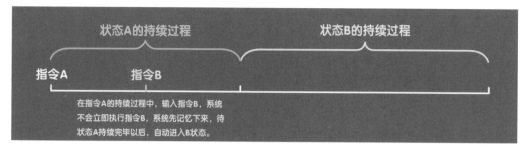

▲ 指令响应过程

连招机制是非常考验玩家反应能力的技能施放方式，因为在大部分的游戏中，状态的持续时间往往只有不到 1 秒，玩家需要在不到 1 秒的时间内做出指令，否则就会错过施放连招的机会。连招也是提高游戏操作深度的重要设计手段之一，连招设计的好坏，将直接影响游戏在核心玩家中的成瘾度和口碑。

即便如此，笔者还是要提出过度设计连招产生的弊端，特别是在传统格斗游戏中，丰富的连招系统是格斗类的最大特色，同时也是阻碍玩家进入格斗游戏的障碍所在。

首先，玩家需要记忆大量的组合按键，由于连招招式过于丰富，游戏不得不使用大量的超过 2 个以上的按键组合来生成连招，并且每一个角色的连招组合都不一样，这提高了玩家对于操作指令的记忆成本。

第二，状态的保持时间过短，留给玩家的反应时间过少。在格斗游戏中，为了将玩家的水平进行切分，加强游戏的操作深度，往往一个状态的持续时间非常短暂，留给玩家在状态中输入新指令的时间窗口转瞬即逝。这虽然可以让反应快速的玩家在每次成功操作之后产生极大的成就感，但也会让反应没那么快的玩家屡次感觉到挫败。如果角色的大部分主要技能都无法顺利施放，那么这个游戏就会让更广泛意义上的玩家群体避而远之。

第三，格斗类游戏的连招施放不仅需要自己控制角色的状态，还需要将命中敌人后，敌人产生的"硬直"状态作为连招是否顺利施放的判断依据。硬直是指一个角色在某种情况下不响应玩家输入的任何指令，最常见的硬直状态就是受击动作，动作类游戏为了最大化地体现打击感，当角色受到攻击时，都会表现出一个受击动作，角色在播放受击动作时，不会响应玩家的任何操作。大量的连招动作，正是以敌人进入硬直状态为施放时机进行判断的。

▲《拳皇》中八神庵的所有招式

4.3 指向型技能和非指向型技能

根据施放技能是否需要以先选中目标为施放条件,将技能分为指向和非指向两种类型。不需要以先选中目标为施放条件的,为非指向型技能;需要以先选中目标为施放条件的,属于指向型技能。接下来用游戏类型举例,更加深度地介绍由于两种技能的不同而产生的不同游戏类型。

由于指向型技能需要先选中目标,因此指向型技能更多的是考验玩家对技能施放时机和目标选择的能力。在 MOBA 游戏中,虽然非指向型技能也大量存在,但总体而言,指向型技能才是 MOBA 游戏的主要玩点。在一款名为《百战天虫》的经典对战游戏中,非指向型技能也同样做到了让玩家欲罢不能的地步,游戏中既有各种抛物线施放的雷和火箭,也有移动路线难以琢磨的"爆破绵羊"。预判是非指向型技能最有乐趣的地方,预判是否成功,是人类乐趣点的天性,这和篮球、射击带给玩家的本能乐趣是一样的。

▲《百战天虫》

在近几年的游戏发展趋势中,笔者还发现了通过花样设计非指向型技能表现而带来的新的乐趣点。除了《百战天虫》,几乎和《DotA》在同一时期出现的《术士之战》则很少被媒体提及。《术士之战》的玩法非常简单,采用《魔兽争霸 3》的编辑器为开发工具,以亡灵族的农民为术士的角色模型,玩家在一个不断缩小的圆形地图中可以为术士选择火球和冰箭等各种非指向型技能,通过预判敌人走位而选择技能施放时机与施放方向,一旦命中敌人,则会将敌人击退。如果敌人被击退出圆形地图外,则会受到巨大伤害。

2016 年发布的《战争仪式》在 Steam 平台上一经上线,仅 3 天时间销量就超过了25000 份,好评率高达 96%。《战争仪式》同样也是一个不断缩小的圆形场景,其中所有英雄的技能都是非指向型,玩家通过预判对敌人造成伤害。但《战争仪式》的问题也非常明显——英雄的技能实在是太多了。也许是为了增加游戏深度和重复的可玩性，每个英雄竟然拥有 8 个技能，导致玩家的学习成本变得很高，并且战斗中的场面也十分混乱。

2016 年年底，一款名为《弓箭手大作战》的 io 类小游戏（指以 .io 为域名后缀的小游戏集合，后特指画面和玩法都较为简单的多人对战类游戏）在 TapTap 上仅用 7 天下载量就超过了 130 万次。《弓箭手大作战》的一大特征就是游戏的所有攻击方式和技能都是非指向型技能，玩家需要不断地跑位，在躲避敌人攻击的同时想办法预判敌人的走位来造成伤害，此游戏一经面市就让各路玩家大呼过瘾。无论是早期的《百战天虫》和《术士之战》，还是后来的《战争仪式》与《弓箭手大作战》，这些游戏的阶段性成功，都充分证明了只要游戏设计者对非指向型技能进行深度挖掘，一样可以在 MOBA 游戏盛行的今天为玩家带来更简单、更纯粹的快乐，以在新的蓝海市场中找到成功的机会。

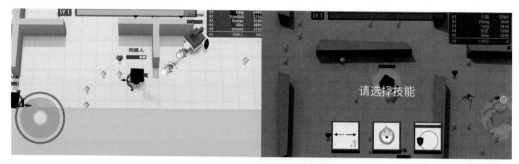

▲《弓箭手大作战》战斗画面

▲ 《战争仪式》战斗画面

4.4 同时考虑施放者与受击者的体验

竞技游戏设计师往往会将目光聚焦在技能的施放者上，而忽视被施放者的感受。前文描述了什么样的技能类型容易给受击者带来巨大的挫败感，下面再进行一次梳理，进一步分析受击者受到不同技能效果后的感受。

4.4.1 任何技能都要可被化解

在中国的武侠世界中，无论多么厉害的招式，都有可以克制它的招式。在竞技游戏中，技能之间的克制关系需要单独设计，任何一款耐玩的竞技游戏都不会出现"天下无敌"的技能。强调一环扣一环的相互克制，是体现游戏深度的根本。

正所谓"你有张良计，我有过墙梯"。例如，《英雄联盟》中探险家——伊泽瑞尔的大招速度快、伤害高，但亚索的反应更快，使用二技能"风墙"就可以轻松抵挡；德玛西亚皇子使用大招"天崩地裂"（平地围起一个石墙的技能）后，被圈在墙内的敌方玩家只要使用"闪现"类技能就可以轻松离开。试想，如果被围住的玩家发现自己没有任何技能可以逃出去，只能任人宰割，此时带给他的负面情绪会是多么严重。

技能逻辑上的克制有时候不是非常明显，而MOBA游戏的数值克制则较为明显。例如，护甲值无法削减魔法伤害，魔抗无法削减物理伤害，但不管是魔抗还是护甲，都无法抵抗真实伤害。

利用克制关系来设计技能更明显地存在于竞技卡牌游戏中。例如，《炉石传说》中牧师的必备卡牌"暗言术：灭"可以立即消灭一个攻击力大于或等于 5 的随从，那么不管对面出了多么强大的随从牌，只需消耗 3 费即可轻松化解。即使如此，如果对面是一个有经验的法师，则会同时埋一张"法术反制"，它可以让对手施放的任何法术不起作用。高攻击力随从被"暗言术：灭"克制，"暗言术：灭"又被"法术反制"克制，这样的克制关系存在于竞技类卡牌的种种细节中，最终构成了一款极度耐玩的游戏。

▲ 《炉石传说》牧师"暗言术：灭"卡牌

▲ 《炉石传说》法师"法术反制"卡牌

4.4.2 施放技能一定要付出成本

无论是法力值还是能量值、冷却时间或弹夹子弹数，甚至是攻击距离和技能持续时间，一款优秀的竞技游戏，在基础普攻之外的技能设计中，一定会对技能施放进行约束，永远不会有一个技能可以毫无成本地无限制施放，这几乎已经是竞技游戏的默认准则。我们会发现许多高手玩家会以计算的方式来思考游戏中的每一次决策。

例如，无论是《DotA》还是《英雄联盟》，绝大部分英雄的大招往往都是 CD 时间最长、法力消耗最大的技能。这是因为大招一般都是必杀性技能，其威力远远高于一般的小技能，好比暴走萝莉——金克斯的大招"超究级死神飞弹"，在对残血英雄有巨额伤害的同时，也需要高达 60~65 秒的技能冷却时间；另一名射手英雄深渊巨口——克格莫的大招"活体大炮"，伤害较高的同时冷却时间有 1~2 秒，而他的法力消耗则是巨大的，因为此技能在施放 8 秒内的每次后续施放，都会多消耗 40 点法力值。

▲ 《英雄联盟》中克格莫的大招技能

通过各种数值关系约束技能施放成本，有 3 个好处。

· 增加游戏深度

回顾前面章节提到的资源与单位的关系，在游戏中的资源运营将直接决定技能的施放成本，因此给予空间让玩家通过深度思考，计算每一次技能施放的性价比和时机，让玩家进入深度思考状态，可加强玩家的心理获得，更容易进入沉浸式体验。

· 控制游戏节奏，不要过早地释放兴奋感

竞技游戏的游戏节奏往往都无法离开探查——运营——交战——迂回的循环，这决定了一局游戏中的整体节奏脉络是否足够清晰流畅。通过约束技能的施放成本，可以大致约束玩家在游戏中各个节奏点的时间，从而控制玩家最高兴奋点的出现时间。

· 避免对手感受到无助，给对手寻找破绽的机会

玩家对游戏的理解是多种多样的，因此对于技能施放成本的理解也是千差万别，然而正是由于理解的区别，才能导致不同的玩家，对于施放什么技能，以及技能施放的时机总是有不同的操作。当一方把成本消耗殆尽，另一方仍然有充足的成本时，竞技的天平就会倾斜到优势的一方。尽管如此，弱势的一方只要仍然拥有技能施放的成本，就拥有逃脱或者翻盘的机会，这也是竞技游戏最有魅力的地方。

4.4.3 组合成技能的技能元尽量低于 3 个

本书前文介绍了几十个技能元，纵然如《英雄联盟》中卡牌大师那样技能超复杂的英雄，我们看到所有的技能元加一起，都不会超过 5 个，这也几乎是一个技能所能包含技能元数量的极限了。我们几乎无法看到一个技能，可以同时带有多种伤害类型，也无法看到一个技能同时包含多种功能类型。很难想象"影魔"的大招造成魔法伤害的同时还有物理伤害。英雄设计中每一个技能的技能元都要符合英雄的主体定位，是辅助还是射手？是坦克还是战士？如果是射手，就尽可能避免在技能元中包含硬控型技能；如果是辅助，就尽可能在其技能元中包含伤害类的技能——虽然这并非绝对，我们还可以在数值调整中进行进一步的强化或者弱化。技能元过多，还会提高玩家对英雄的上手门槛和理解难度，因此适度控制技能元的数量仍然是现代竞技游戏中很有必要的考虑点。

4.4.4 "硬控型"技能元要谨慎使用

玩家们经常聊到的"硬控型"技能，是指会让角色不仅无法移动，并且连普攻都无法施放的定身型技能。《DOTA2》中的硬控技能非常多，例如，骷髅王的技能、屠夫的大招和船长的大招，都是直接将目标砸晕，使其无法施放技能也无法移动，玩家们也因此设计了很多连招。比如屠夫用一技能拉人到身边然后接大招让目标晕眩，再比如骷髅王开团先施放一技能眩晕对面的输出位以便队友集火，等等。

在技能元中，硬控型技能的表现为禁止普攻和禁止施放技能。比起减速和定身等软控型技能，硬控型技能在游戏中给对手的感受非常不好，当玩家面对带有硬控型技能的英雄时，对玩家的反应速度要求太高，从而降低了游戏中操作的容错率。观察《DotA》《英雄联盟》《王者荣耀》这 3 款 MOBA 主流游戏的演变，大致可以发现，硬控型英雄较多的 MOBA 游戏，玩家上手的门槛也比较高。因此，如果你希望设计的是一个低门槛的 MOBA 竞技手游，就一定要适度使用硬控技能元，或者让这种带硬控型技能的英雄，通过系统控制，挪到游戏后期再开放给玩家。

虽然硬控型英雄带给新手玩家的体验不好，但对于高端玩家而言，硬控型英雄则是

他们的钟爱之选。对于游戏技术处在顶层的玩家们而言，操作的差距实际上是非常微小的，当战斗的局面无法打开时，硬控技能的先手将直接建立优势，而中了硬控技能的一方，如果能在被先手控制的情况下通过华丽的操作和配合翻盘，将是极富观赏性的战斗表现。游戏设计师在解决新手门槛之后，更要考虑的反而是如何适度加强游戏深度，提高游戏的耐玩性与观赏性，让玩家愿意付出时间和精力来研究和练习，从而达到玩家长期留存的目的。

4.4.5 技能设计要符合角色给人的第一印象

如果盖伦是一名射手，金克斯是一个"坦克"，而亚索是一名法师——打住，这样的画面难以想象。一般情况下（注意，此处只说通常的理想情况），一名英雄的设计流程是：先通过故事背景提炼角色特征，人物设计师根据角色特征设计角色形象，技能设计师再根据角色形象和故事背景设计技能。设计流程并非线性不变，也可以倒过来，技能设计师先根据自己对游戏的理解设计好技能，再交由人物设计师设计角色形象，最后由文案策划根据角色形象和技能撰写故事背景。

不管以上哪一种设计流程，角色形象和技能设计都是先后关系。当玩家在《英雄联盟》看到布隆的大盾牌时，下意识就会认为这是一名"坦克"；当在《王者荣耀》看到赵云的长矛时，就会认为这是一名战士。大部分玩家已经被各种各样的游戏进行过潜移默化的教育和训练，因此游戏设计师在设计技能时，要使其技能特征尤其突出，才能符合玩家的认知。

然而这也并不是绝对的，游戏设计中总会有一些"灰色地带"是交由设计师自由发挥的，如果游戏设计师可以将其利用得恰到好处，往往能成为游戏在市面上众多游戏中脱颖而出的重要特色。例如，《王者荣耀》中的干将莫邪，在形象设计上突破了一般MOBA游戏的惯例，干将怀里托着娇妻莫邪，让人眼前一亮；而在技能设计上，也突破了以往的常规认知，近战法师以剑气进行普攻，技能则配合法师常见的 AOE 法术伤害。这些设定让干将莫邪成了《王者荣耀》中最有特色的英雄之一，值得我们学习。

▲《王者荣耀》中干将莫邪的英雄介绍界面

4.4.6 技能描述尽量避免使用复杂文字

MOBA 游戏由于其技能元组成的多样性，以及动作和特效表现，其技能的文字描述往往都是无可避免的复杂。

在撰写技能描述时，语言一定要简练，往往采用技能概括性表现＋作用目标＋技能功能＋具体数值的格式。

例如，《王者荣耀》中赵云"惊雷之龙"的技能描述：赵云执枪向指定方向冲锋，对路径上的敌人造成 190/214/238/262/286/310（+100% 物理加成）点物理伤害；冲锋后的下一次普通攻击会造成 65/74/83/92/101/110（+135% 物理加成）点物理伤害并将其减少 25% 移动速度，持续 2 秒。

"赵云执枪向指定方向冲锋"是技能概括性表现，直接给玩家带来英雄是如何施放技能的画面感。

"对路径上的敌人"是描述作用目标和范围。

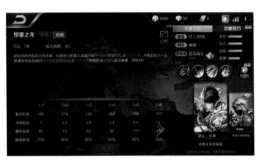

▲《王者荣耀》中赵云"惊雷之龙"的技能描述

"造成物理伤害""冲锋后的下一次普通攻击"是技能功能。

"190/214/238/262/286/310(+100% 物理加成)""65/74/83/92/101/110(+135% 物理加成)"是具体数值。

不难发现，清晰而简单的技能描述可以让玩家不用深入研读即可大致理解，不仅如此，简练的技能描述也能在实际开发中对团队成员间的沟通起到良好的作用。当我们在每一处小细节中注意表达和措辞的规范时，就会在游戏研发的整个过程中保证较高的效率。

4.5 主动技能与被动技能

根据字面意思即可简单理解主动技能与被动技能的含义。所谓主动技能，就是玩家需要手动操作的技能；所谓被动技能，则是玩家无须操作即可实现效果的技能。而在被动技能中，又分为了需要后天手动加点的被动技能，以及先天出生即可使用，但无法手动升级的被动技能。

现如今以《DOTA2》《英雄联盟》《王者荣耀》为主导的 MOBA 游戏中，关于被动技能的设计方法产生了重大分歧，《DOTA2》中的所有技能都需要玩家进行手动加点才能使用，而《英雄联盟》与《王者荣耀》则是另外一派，在所有英雄出生时都赋予了一个无须手动加点的被动技能。孰优孰劣，本书不予评判，笔者将分析不同被动技能方式的细节，让读者可以根据自己的实际情况选择具体的设计方式。

《英雄联盟》和《王者荣耀》将被动技能单独作为一个技能，可以给英雄带来更丰富的可玩性。

· 可以为英雄的玩法定性

例如，当玩家看到《英雄联盟》中亚索的被动技能直接可以使其暴击率翻倍时，玩家就立即知道亚索是一个"堆暴击"的英雄，因此玩家在出装的选择方面会多以带有暴击属性的为主，因其被动技能的存在，可以让后期堆叠的暴击率获得比其他英雄更高的收益率。

▲ 《英雄联盟》中亚索的被动技能

· 施放其他主动技能或增加防守能力的支点

例如，《英雄联盟》中无双剑姬的被动技能"决斗之舞"（寻找弱点）直接与大招挂钩，当找出敌人的 4 处弱点后，就可对敌人造成更高的伤害，同时还有其他增加移速和加血的技能。

作为与主动技能配合成为获得更强力技能的支点，可增加英雄的可玩性，提高技能带给玩家的兴奋度。这是为英雄单独设计一个先天被动技能的好处。

▲ 《英雄联盟》中无双剑姬的被动技能

· 玩法定性可降低玩家对英雄可玩性的认知成本

被动技能出现的意义，更多的是为了针对英雄的多样化和丰富性，对英雄的主动技能加以补充，同时降低玩家的操作成本。

被动技能一般分为添加增益效果和触发型效果 2 种类型，以下展开介绍。

4.5.1 添加增益效果

添加增益效果（又称 Buff），是指为英雄的某方面能力加以补充。例如，《英雄联盟》中盖伦的被动技能"坚韧"，当盖伦离开战斗并没有受到伤害时，他的回血速度就会加快，这就是在某种情况下为英雄增加了一个增益效果的技能元，帮助英雄尽快提高某一项能力。

例如，寒冰射手艾希的被动技能"冰霜设计"，就为艾希的普通和暴击增加了攻击目标并使目标减速、增加伤害的效果，这同样是一个 Buff 类的被动技能。最出名的 Buff 类被动技能，是亚索的"浪客之道"技能，直接让亚索的暴击率翻倍，结合暴击装备带来的实际效果，让亚索成为《英雄联盟》中唯一一个暴击率可以达到 100% 的英雄。

4.5.2 触发型效果

触发型效果一般与角色的行为和所接触到的其他事件相关联，逻辑多为"英雄实施或受到某种行为的作用后，即可获得新的能力"。虽然解释起来比较拗口，但结合如下例子读者即可轻松理解。

例如，塔里克的被动技能"正气凌人"。当塔里克施放一次技能后，后面两次普攻将造成魔法伤害，减少技能冷却时间，此时"施放技能"就成了增加普攻魔法伤害和减少技能冷却时间的"触发条件"。每当金克斯攻击目标的 3 秒内，目标死亡时，她的攻速和移动速度会得到大幅度的提升。"攻击目标的 3 秒内，目标死亡"就是"大幅度提高攻速和移速"的触发条件。

还有一些更复杂的触发型效果。例如，阿狸的被动技能"摄魂夺魄"，当阿狸用技能命中敌人，可以获得一个充能效果，充能叠加 9 次之后，阿狸再次命中即可为自己治疗。通过实际操作我们了解到，阿狸的这个技能实际上包含 3 个触发逻辑：技能命中触发充能→充能叠加 9 次触发技能命中并为自己治疗→技能再次命中触发治疗。嵌套触发逻辑，也是被动技能常见的手段之一。

在《英雄联盟》中最著名的触发型效果当属"打三下"——只要进行 3 次普攻即可获得额外能力。例如，赵信的"果决"，每第 3 次攻击造成额外伤害并治疗赵信自身，又或者是蔚在"爆破重拳"中的"对相同目标的每第 3 次攻击会造成额外的物理伤害"，赵信和蔚的"每第 3 次攻击"，就成了英雄获得额外伤害或者治疗的触发条件。

▲《英雄联盟》中赵信的被动技能

▲《英雄联盟》中蔚的 W 技能

第 **5** 章

竞技游戏的地图设计

我们可以将游戏内的地图设计理解为"城市规划"。
首先规划各种区域，然后设计道路，再在区域内设置
各种各样的功能型建筑。游戏的地图设计也是如此，
因为地图是核心玩法的承载物，也是游戏规则的体现。
从象棋的棋盘，到 MOBA 的 3 路经典地图，本章将深
入浅出地带领读者理解竞技游戏的地图设计思路。

5.1 塔防：MOBA 与竞技卡牌的基础

在学习地图设计之前，首先要了解地图设计不仅仅只是设计一张地图，更是对游戏的核心机制、游戏流程和战斗节奏的构造。此时的游戏设计师，要化身为剧本创作者，通过地图设计，调动并控制玩家的情绪，达到让玩家开动脑筋、沉浸其中的目的。

目前市场上普遍流行的竞技游戏是以《王者荣耀》《英雄联盟》和《DOTA2》为代表的 MOBA 游戏，以及以《炉石传说》和《皇室战争》为代表的 TCG 游戏。经过仔细的分析，我们发现不管是 MOBA 游戏还是 TCG 游戏，对战双方的策略目标都集中在守塔和攻塔上，并最终以"基地被摧毁"为胜负判定，早期以《星际争霸》和《魔兽争霸》为代表的 RTS 游戏，也具备同样的特征。可以说，塔防类的游戏机制，对现在及未来的众多竞技游戏，都有着奠基者般的影响力。

现如今 MOBA 游戏的地图基础设计最早成型于《DotA》，《DotA》一词的由来正是 defense of the ancients 的首字母缩写，直译成中文是"守护远古之地"。defense 有"防御、守护"的含义，因此，由《DotA》演变而来的众多 MOBA 游戏，其本质仍然是一个塔防游戏。由于 MOBA 是多人对战的 PvP 竞技游戏，因此要在前面加上"多人对战"以表示与 PvE 游戏的区别。鉴于此，笔者将市面上众多的 MOBA 游戏另称为"多人对战类塔防游戏"——守塔与攻塔，是这类游戏永恒的主题。

塔防类游戏基本都以"消灭敌人的基地"为获胜规则，既然 MOBA 游戏的核心玩法来源于塔防，那么与大部分的塔防游戏一样，大部分玩家试图理解 MOBA 游戏的地图时，会从表象的泉水、基地、防御塔、出兵点和各种野点进行拆分，但作为游戏设计师，则需要归纳为更系统的分类。笔者将竞技类游戏地图分为地图尺寸、阻挡物、策略点和修饰物 4 大类。下面将逐一展开讲解，并在章节的最后，带领读者设计一张《魔霸大逃杀》的基础对战地图。

5.2 地图尺寸设计

5.2.1 玩家数量

玩家数量是指敌对阵营数，以及每个阵营的人数。其中，敌对阵营数是指游戏中可以互相攻击并产生有效得分的敌对阵营数量，每个阵营的人数是指一个阵营中由多少玩家组成。例如，我们经常能在 MOBA 手游中看到"5v5"的宣传文案，5v5 代表两个阵营、每个阵营最多 5 人。2016 年上市的《魔霸英雄》中有一张 3v3v3 的地图，这意味着这张地图有 3 个阵营，每个阵营由 3 名玩家组成。

▲《魔霸英雄》3v3v3 地图

在 2017 年以前，大部分的竞技游戏都是 2 个或 3 个阵营，只有《魔兽争霸 3》和《DotA》的自定义地图最多允许 4 个或 8 个阵营。但在 2017 年开始流行的 "大逃杀" 游戏中，史无前例地将一张地图内的阵营数扩张到了 100 个，即在一局对战中，最多允许 100 个阵营的玩家互相敌对，这种混乱而又刺激的对战模式一经上线就火遍全球，大量的游戏开发商开始设计研发超过 30 个阵营的游戏地图，这将是竞技游戏地图在未来的重要趋势。

梳理一下不同玩法中的敌对阵营数和每个阵营的玩家数。

RTS：1v1 是主流模式，2v2 模式在电竞早期的《星际争霸》和《魔兽争霸》中较为火爆，但后期随着观赏性和商业性的改变，2v2 相对减少并慢慢退出历史舞台。

MOBA：5v5 是压倒性的主流模式，《DotA》《DOTA2》《英雄联盟》《王者荣耀》皆为5v5模式，也有3v3的快节奏地图；在《DOTA2》的一些自定义地图中，有 "乱战先锋" 的 3 方对战模式，虽然玩家总量也不少，但因娱乐性较强，所以只能作为 5v5 模式的补充品。

在 2016 年举办的《DOTA2》国际邀请赛决赛现场，游戏公司隆重发布了《DOTA2》的 10v10 地图，它快速成为自定义地图中排名第一的地图，但没过多久，10v10 地图就逐渐走向衰落。MOBA 游戏之所以是 5v5 的模式，是因为当时制作《DotA》的《魔兽争霸 3》编辑器最多只允许 12 名玩家存在，其中 2 名玩家设定为两方的基地，然后剩下的 10 名玩家一边 5 名，从而组成 5v5 的战斗。之后 5v5 的战斗模式就成了 MOBA 游戏玩家的习惯，所有战术和策略的积累全部都是基于 5v5 模式的。玩家一旦建立了认知，任何挑战玩家习惯的方式都会受到巨大的阻力，笔者认为这也是始终没有 4v4、6v6 等新的阵营组合的最重要原因。

生存类：25 个阵营，每个阵营 4 个人是生存类游戏在正式竞技比赛中的主流模式，为了适应不同玩家的需求与娱乐场景，还有 50 个阵营每个阵营 2 个人的双排娱乐模式，以及 100 个阵营每个阵营只有 1 个人的单排模式。

很多时候，核心战斗中的阵营人数，并不是由科学依据计算而得，更多的是一种习惯的培养，例如在正式的足球比赛中一直是 11v11 的对阵方式。因此，地图设计往往是根据你期望设计的游戏类型，按照传统的游戏习惯规定阵营和人数，再根据总人数设计地图的实际尺寸。

5.2.2 地图尺寸

在不同的设计中，地图尺寸有不同的定义方式，需要根据阵营及人数来确定地图尺寸。尺寸的单位普遍使用米、码、英尺、英寸等。

在写实风格的 3D 游戏中，角色设计师往往会先制作一个基础比例的模型，供其他角色和场景在设计时参考。写实风格角色的比例往往更接近真实世界中的人类特征，基础模型为 1.7m、7~8 头身的比例。那么地图的尺寸就会以 1.7m 的角色为标准来测算。

还有一种是以 1 为基础单位，1 代表的就是 1 个格子的大小，格子的大小为多次根据角色进行调整后的大小，角色的垂直占地面积往往是 1 个格子或 4 个格子。因此，无论使用什么单位作为标准，地图的尺寸都会以单个角色为基准进行设计。

无论选择米还是 1 为单位，地图的大小都与移动速度、弹道速度相关。例如，在不添加任何附加属性与障碍物的情况下，以设定的基础移动速度为准，角色从地图中的 A 点到 B 点的移动时间将直接决定你所期望的游戏时长。

影响游戏时长的因素非常多，之所以放在地图设计的章节中介绍，是因为地图的尺寸是最直接影响每一局游戏时长的重要因素。想象一下，如果角色移动速度为 4m/s，一张正方形地图的对角线距离是 2400m，则角色光从正方形的 A 点前往 B 点就需耗时 600 秒，也就是 10 分钟。那么在 MOBA 游戏中，从泉水走到中路对线就需要 5 分钟，一局《王者荣耀》的基础时间可能就是 2 个小时甚至更长——除非将角色的基础移动速度改为 40m/s，而这样的设定又明显违背常识。

以牙买加运动员博尔特在北京奥运会 100m 决赛中 9.69 秒的成绩为例，则博尔特平均 1 秒可以移动 10.32m，而人类走路的大致速度为 5km/h，即现实中人类每秒大约可移动 1.4m。大部分的竞技游戏为了营造紧张刺激的气氛，都只设定跑动的动作，因此可以折中一下：游戏中较为合适的移动速度 =（人类最快的跑步速度 + 人类平均行走速度）/2=（10.32m/s+1.4m/s）/2 ≈ 5.9m/s。根据笔者开发《魔霸英雄》和《魔霸大逃杀》等多款竞技游戏的经验来看，5.9m/s 的速度是非常适合用在竞技手游上的，当然这只是个人经验，你可以根据自己游戏的情况决定，这完全取决于你希望给玩家传递一种什么样的游戏情绪。

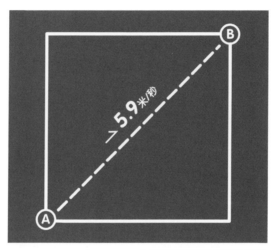

▲ 竞技手游适合的移动速度

"游戏情绪"和电影的节奏感类似。例如，《谍影重重》中的杰森·伯恩，只要出现伯恩的镜头，基本上他都在跑，并且是飞快地跑，从而给观众带来紧张刺激的观影体验；《爱在黎明前》中的男女主人公，则是一直在慢悠悠地行走，给人一种舒缓的情绪。因此，笔者总结出来的 5.9m/s 只是一个相对稳定值，游戏设计师还需要根据自己的判断灵活使用。

5.3 阻挡物：障碍物与路线设计

路线设计和障碍物设计是相辅相成的两个重要元素，通过障碍物的设计与摆放，就自然而然地对玩家在地图中的移动路线进行了规划，让玩家在地图中不管走哪一条路都是由策略驱使的。因此，竞技游戏中的地图设计往往包含如下特征：多样选择、冲突与安全、指引清晰、多个阶段、非线性可循环、区块明显、对称性、攻防关系和可持续调整性。

5.3.1 多样选择

作为游戏设计师，在设计竞技游戏地图时也要坚持"给玩家以选择权"，这要求竞技游戏的地图要给玩家足够的选择空间，尽可能地不做单一路线，要"多做岔路，不做死路"。

首先要设定主干路，主干路可以直接连接各个发生冲突的基地，让不同阵营的玩家明确地知道地图中的哪些路线可以快速进入战场和敌方基地。

为了给玩家更多的选择性，主干路通常不止一条，在MOBA游戏中，主干路一般有3条路线。为什么有3条路线，可以从结果反推，起因仍是由大量玩家在漫漫历史长河中大浪淘沙而来的。3条直接连接双方基地的主干路线被称之为上路、中路和下路。由于分路的不同，玩家们根据阵营的不同，又将这3条主干路分为了相对的劣势路和优势路，再根据这些路线对英雄进行第2次定位，分为上路英雄、中路英雄和下路英雄。

好比设计迷宫路线，主干路的两边是不允许通过的（见图1），也正因为不可以通过，路在地图中才有了存在的意义。

（1）实际上我们已经将地图划分成了2个较大的等腰直角三角形区域，C点到D点没有直达路线，当玩家处于C点想前往D点的时候，得从A点或者B点绕一大圈，这样非常浪费时间，并减慢了游戏节奏，因此要给C点至D点开辟一条新的路线（见图2）。

（2）区域被划分成4个等腰直角三角形，但这4个区域目前仍然是封闭状态，玩家根本无法进入，这导致地图上占有最大面积的区域被浪费了。为了打开封闭区域，让玩家获得更广阔的移动空间，要在三角形的每条边上开一个口，让处在每条主干路上的玩家可以随时进入区域中（见图3）。

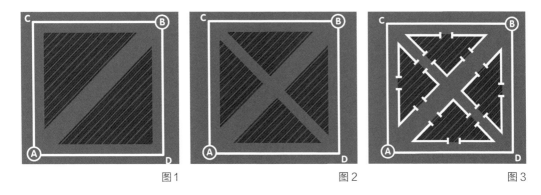

图1　　　　　　　　　　　图2　　　　　　　　　　　图3

区域被打开了，玩家可以灵活地在地图中的任何一个点找到相对较近的路线前往目的地。最重要的是，玩家处在A、B、C、D这4个点中的任何一个点时，都有3条岔路供其选择，是战是逃，是守是攻，是撤退还是支援，都会驱动玩家根据战场情况思考应对策略，从而在 3 条岔路中选择自己要前往的那一条，这就是竞技游戏地图带给玩家的乐趣。自此，整个地图的主干路基本设计完毕。之所以说基本完毕，是因为除了主路之外，还需要思考区域内的小路，巧妙地设计好小路，可以让地图内的细节更加丰富，从而体现出极具探索深度的玩法。

5.3.2 引发冲突

竞技游戏的最大乐趣来自于参与对战的是现实中的玩家，这些真实玩家是具备思考能力，同时又富有真实情感的人。地图中可以引发冲突的要素有很多，例如，抢夺独一无二的资源点，或者争取更具优势的地理位置，这些都足以让玩家与玩家之间产生激烈的争斗，要把这些争夺点串联起来，还是要依靠道路的巧妙设计与规划。

上文中我们已经设计好了一个传统 MOBA 游戏的主干道，接下来要在每个区域内设计小路。区域内的小路设计不仅要满足"多样选择"的要求，还同时要满足"引发冲突"的要求。如何才能在道路设计层面引发玩家产生更多的冲突呢？其实答案很简单，设计"道路交会点"，类似现实生活中的十字路口。

▲ 十字路口

（1）需要为每个区域都设计一个这样的路口。首先地图中的 4 块区域，每一块区域都拥有 3 个入口，现在要将这 3 个路口通过 3 条小路连接起来，并让这 3 条小路产生交会点（见图 4）。

（2）每个区域内都增加了 3 条小路，并且 3 条小路都在区域内形成了交会，玩家从 a、b、c 任何一个路口进入后，都会遇到 2 条出口，玩家可以选择从 2 条出口中的任何一个路口出去，甚至是原路返回，这为玩家提供了更丰富的路线选择，直接加强了游戏深度（见图 5）。

（3）当 3 条小路在区域中间交会时，极易造成玩家与玩家之间相遇，为了进一步吸引玩家前来此路口，可以在路口附近设置一个"唯一资源点"（见图 6）。

 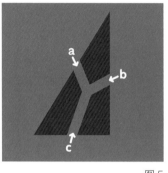 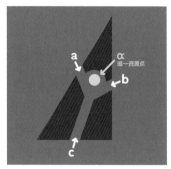

图 4   图 5   图 6

α 是该区域内的唯一资源点，玩家只能通过 a、b、c 这 3 个路口前往该资源点。由于资源点的唯一性，我们可以想象，资源点内的资源每次刷新时，路口交会处一定会有不同方向前来的玩家通过道路入口进入，再在道路交会处产生碰撞，经过激烈的争夺后只有 1 名玩家可以占有这个唯一的资源点，这就实现了引发玩家冲突的目的。我们还可以想象，以后每当玩家从这 3 个路口进入区域时，道路交会处的未知而带来的不确定感，将极大地让玩家产生冒险的感觉并带来沉浸式体验的效果。

5.3.3 消除无聊感

在游戏中，要避免玩家长时间地进行纯粹的行走或跑步动作，因为这对玩家的耐性是极大的考验。玩家玩游戏，是为了消磨无聊时光，过长时间单纯的移动，没有给玩家任何参照物或体验上的改变，玩家的情绪会逐渐下滑，当下滑超过玩家对于无聊的临界值时，玩家就会感到无聊，从而放弃游戏。

MOBA 游戏通过在沿途放置防御塔、野怪以及各种岔路来缓解玩家在移动时降低的心理体验。这样做虽有一定的效果，但目前所有 MOBA 游戏，从出生点走向地图中间的兵线，仍然是非常无聊的。笔者认为目前的各种游戏中，枯燥移动给玩家带来体验走低的问题，只有两种游戏彻底解决了，一种是跑酷类游戏，一种是生存类游戏。

跑动在游戏中本是一种非常枯燥的行为，而玩家在《神庙逃亡》中却会乐此不疲地奔跑并时刻体验到紧张感。这得益于游戏在每一局开始，就告诉玩家背后有大猩猩在追赶，不能让大猩猩追到成了整个游戏的第一目标，也是贯穿整个游戏始终的原始驱动力。

由于在路上有时会遇到突然转弯，或者突然断路，玩家在防止被大猩猩追上的同时，还需要时刻紧盯屏幕以防自己错过转弯或没跳过断路，因此始终不掉出地图就成了玩家游戏时的第二目标，这是驱动玩家保持专注的中枢驱动力。

沿途排列整齐的金币成了玩家在游戏中的反馈驱动力，玩家在奔跑过程中只要触碰到金币，金币就会飞舞到界面上，快速跑动就产生了快速获得金币的视觉效果，这是系统给玩家保持专注力的奖励——玩家在游戏中付出了专注力，游戏就要反馈给玩家兴奋感。

《神庙逃亡》通过原始驱动力、中枢驱动力和反馈驱动力吸引玩家明确知道。即使每一局《神庙逃亡》都注定是输掉游戏的结局，但玩家仍然乐此不疲地在游戏中奔跑。

▲ 《神庙逃亡》游戏

《绝地求生》的路线设计让玩家在 38 分钟一局的游戏中，永远不会产生无聊感。游戏设计师通过以下几个方式完美地消除了移动中的枯燥感。

· 极少有笔直的主干路，大部分的主干路都是弯弯曲曲的。

弯曲的道路，让玩家需要不停地根据道路的趋势进行预判与转向。参考赛车游戏，几乎所有赛道都会有各种转弯，如何设计好各种弯道，让玩家在枯燥的虚拟行驶中获得乐趣，是赛车类游戏设计师设计赛道时的首要工作。

· 除了极少数主干路之外，大部分的路都是起起伏伏。

同接二连三地设置弯道一样，起起伏伏的路面同样可以避免玩家在长时间移动中产生无聊感。起伏的道路很容易导致玩家在移动时造成侧滑、翻车等意外，玩家为了避免发生这些意外就会小心地看路，避免出错。与此同时，起伏的道路可以让玩家在潜意识中获得起伏的情绪，减少无聊感的产生。

· 各种类型的交通工具加速移动过程。

不管是设置弯道还是把路面弄得坑坑洼洼，减少移动时无聊感最直接的方式就是提供更快速的交通工具。在《绝地求生》中提供了防弹效果好但极度费油的吉普车，还提供了速度极快但极易翻车的单人摩托车等交通工具，这些交通工具只有一个目的——尽快让玩家到达目的地，这是最简单有效地避免移动时无聊的方法。

▲ 赛车赛道转弯处

▲ 《绝地求生》吉普车

▲ 《绝地求生》摩托车

· 所有主干路每过一小段就会有小岔路。

在玩家移动时，每一条岔路都是玩家决策行为的一个判断节点。有的岔路通往资源点，有的岔路深处会有枪声，有的岔路中可能埋伏着敌人，还有的岔路可以考虑是否占据，玩家在移动时路过的每一条岔路，实际上都是在试图通过某些信息引导玩家进行思考和判断。

▲ 小岔路

· 各种各样的资源点、战略点和掩体集群等随着道路的延展星罗棋布地陈列。

玩家不需要移动太长的距离就可以找到一个资源点进行装备补充，或者抢占战略要地为下一波安全区的刷新做准备，还可以提前找掩体做好埋伏，伺机干扰路过的敌人。玩家在移动时始终在获取信息、分析信息和处理信息直到决策。这样的移动过程让玩家始终处在"有事可做"的沉浸式体验中。

· 安全区刷新始终在倒计时，仿佛有人在催促。

生存类游戏最核心的就是"分阶段刷毒"机制，如《神庙逃亡》中不停追逐玩家的大猩猩一样，毒圈也会在某些情况下追着玩家跑，玩家只要跑不过毒圈缩小的速度，就会不停掉血，因此，尽快远离毒圈的追逐，也就成为玩家的本能驱动力。

· 丛林法则的游戏机制，玩家在移动时始终伴随着紧张感。

在《绝地求生》中，移动是最没有安全感的行为，因为角色在移动时晃动的身影、脚步的声音和交通工具发出的噪声，都比较容易引起敌人的注意从而引起交战。在丛林游戏中，玩家愿意扮演猎手而不是猎物，但在生存类游戏中，猎手和猎物的角色时刻都在转换。因此，玩家在移动时始终保持高度警惕与紧张感，消除了移动所带来的无聊感。

5.3.4 非线性可循环，避免死路

在竞技游戏中，我们几乎看不到任何死路。没有死路，就意味着所有道路都是首尾相接的，玩家在地图中的任何一条路上都可以循环式地永远移动下去。对比死路，循环式的路线设计方式有如下好处。

· 追击双方走进死路后，在不借助外力的情况下，追击在道路尽头就戛然而止了，双方除了火拼之外没有别的解决方案，这样使得游戏策略非常单一，可玩性极低，竞技性较差；而在循环式道路中，追击者可以提前预判逃跑者的移动路线，提前进行卡位，逃跑者也可以在循环式道路中通过走位甩开追击者，甚至通过绕后成为追击者。

· 在死路中，逃跑方在不借助外力的情况下，进入死路后就无处可逃，如果无法成功反击追击者，则必死无疑，没有翻盘机会，挫败感极强；而在循环道路中，逃跑者不会遇到硬阻挡形成的障碍，只要对道路熟悉，就有足够多的机会离开危险区域。

· 在多对多的战斗时，死路中无法使用"绕后""绕前""卡位""堵截"等战术配合，可玩性极低；而打通死路之后，攻守双方可以使用丰富的战术，极大地增强了游戏可玩性与随机性。

· 进入死路的玩家想要走出死路，必然会原路返回，而当玩家在一段时间中重复同样的游戏过程时如果没有获得额外的奖励，极易产生疲劳感；在循环道路中，由于所有道路都是相通的，因此玩家几乎没有必要在短时间内重复相同的路线，这就减少了游戏中的无聊感。

在如今的竞技游戏中，无论是 MOBA 还是生存类，没有死路已经是最基础的地图路线设计要求，无论玩家在道路中的哪一个点，都有很多种移动选择，随意前往地图中的任何点。这种自由感带来了丰富的选择性，提高了游戏中战术的丰富程度，最大限度地挖掘了游戏的可玩性。

5.4 战略点类型

在竞技游戏的地图设计中，往往会根据游戏类型进行各种各样的区域划分。区域划分清晰有以下两个好处。

· 有助于玩家将相对较大的地图划分成若干个小区域进行理解。

不管是地图边界巨大如《辐射》等沙盒类游戏，还是世界观庞大、内容极度复杂的《魔兽世界》，都离不开各种区域的划分。将巨大的地图划分成若干个边界清晰的小区域，玩家无须一次性记忆整个地图，而是可以根据区域划分一点点地探索。同时可以将游戏内的总目标结合划分好的区域，拆分成一个又一个的小目标分阶段完成。

▲《魔兽世界》暴风城的地图

《王者荣耀》中的地图区域，大致分为基地区、野区、河道、上路、中路和下路，玩家控制角色在这些区域之间移动，不同定位的角色会前往他熟悉的区域中活动。不同区域之间的玩家在前期发育时基本不会互相干扰，如果遇到敌人入侵，相邻区域的友军还可以互相支援（不守规矩的玩家除外）。

▲《王者荣耀》地图

《绝地求生》中地图的区域划分就更加复杂了。有类似 Y 城、G 港和飞机场等由大型房屋建筑密集组成的城市区域，有各种小型或微型房屋零散组成的"野区"，还有连接大陆与岛屿的桥梁区域，更有山区和麦田等各种类型的资源区与战略区供玩家选择。玩家选择不同的区域，也就选择了不同的玩法，这样极大地提高了游戏的可玩性。在游戏一开始，玩家既可冒着风险选择前往大城市搜寻资源，虽然风险高，但资源收取较快；也可以前往敌人较为稀疏的野区，虽然资源少，但安全系数高，并且可以一个野点一个野点分阶段地搜索物资。在游戏中期，玩家可以选择麦田区域当"伏地魔"，还可以选择在高层建筑区域中对外进行"打靶练习"。

总之，由于区域的划分非常清晰，玩家在一张地图内可以体验到若干种玩法，这就是《绝地求生》在玩法上如此吸引玩家的魅力所在。

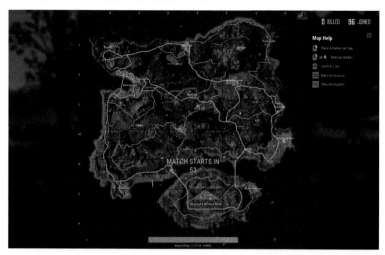

▲ 《绝地求生》的旧地图

· 有助于玩家获得相对安全感。

首先，地图中一定不要设计"绝对安全"的区域。所谓绝对安全区域，是指无论战斗过程如何推进，区域内都不会发生冲突或者对战场中的单位造成影响。极度稳定的区域会使战斗变得非常无趣，玩家在战斗中为了获得安全感，会始终躲在这种区域内，不再参与战斗。因此，地图中的所有区域，都必须拥有"正在发生冲突"或"等待发生冲突"的属性。例如，MOBA 游戏的泉水区，看似绝对安全区域，但随着战斗的推进，玩家始终待在泉水区不进入其他区域战斗和抢夺资源，那么这一方的势力会逐渐减弱，直到逐渐强大的敌人攻入己方的泉水区，此时的泉水区，也就不再安全。

第二，要设计"相对安全"的区域。玩家需要避风港，暂时离开战斗，哪怕只是非常短暂的休整。这和游戏的战斗节奏息息相关，同时还取决于你所期望的战斗时间。例如，《王者荣耀》中一般的对局时间约为 20 分钟，《王者荣耀》中的随机刷血球机制，以及买装备无须回城的机制，都可以让你一直在危险区域中战斗，无须回到相对安全的泉水区域。但《王者荣耀》仍然和《英雄联盟》《DOTA2》一样设计了泉水区。保留泉水区的目的一是延续玩家在其他 MOBA 游戏已经养成的习惯，二是给玩家在激烈的战斗中留出一个短暂的相对安全区域，不是所有玩家都能保持高度专注和紧张。

▲ 《DOTA2》中的泉水区场景

▲《王者荣耀》中的泉水区场景　　　　　　▲《英雄联盟》中的泉水区场景

5.4.1 安全区域与危险区域

安全区域与危险区域要根据战斗机制相互转换。

这个转换过程如果较慢，说明游戏本身的战斗节奏相对缓慢，可以让玩家的心理抗拒力降低，但要注意过于缓慢的战斗节奏会拖慢整个游戏进程；而如果转换得较快，说明游戏本身的战斗节奏将非常紧凑，紧凑而快速的游戏节奏会让某些玩家感到不适，但会让适应这种节奏的玩家感受到刺激，这完全取决于游戏玩家的定位，并没有绝对的对与错。

在"相对安全区转换"这一点上做得最好的仍然是《绝地求生》。在游戏开始时，玩家可以通过跳伞来选择是去敌人少一点的安全区域，还是前往敌人较多的危险区域，游戏中建立的相对安全区域几乎是随机的。当玩家选择在一个没有敌人的区域搜寻资源，该区域也只是暂时安全，只要有敌人经过、被轰炸覆盖或毒圈缩小，本来相对安全的区域就会变得危机四伏，从而让玩家感到紧张。

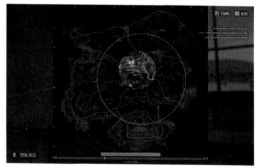

▲《绝地求生》跳伞时在 replay 中打开地图　　▲《绝地求生》决赛圈时在 replay 中打开地图

5.4.2 对称性与攻防关系

TCG 游戏更像扑克牌，RTS 和 MOBA 游戏更像是象棋，生存类游戏更像围棋。TCG 游戏讲究"克制关系"，RTS 和 MOBA 游戏讲究"走位"，生存类游戏讲究"落子"。

在 RTS 和 MOBA 游戏中, 一般是两方对战, 因此在地图设计中为了绝对的公平, 地图设计往往是对称的, 就好像象棋的棋盘, 红方和黑方的格子数量、棋子位置是完全一样的。例如,《王者荣耀》在第 9 赛季推出的新地图, 整个地图的布局, 蓝方和红方是一样的, 路线、障碍物和资源点的位置等, 对阵双方是完全一样的。

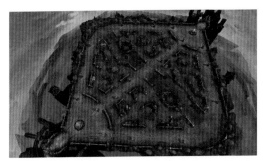

▲《王者荣耀》地图俯瞰图

《星际争霸 2》2017 年第 3 赛季天梯比赛专用地图, 地图以左上到右下对角线划分, 完全对称。但是需要注意的是, 对称并不是镜像的。

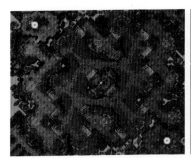  

▲ Ascension to Aiur　　▲ Defender's Landing　　▲ Windwaker

对称型的设计除了在公平性上的考究之外, 还有一个好处是明确了攻防关系, 让玩家只需要通过自己在地图中的位置判断即可清晰地意识到自己当前处在攻方还是守方, 并且攻防转换的速度也因此而变得更快。

典型例子莫过于《英雄联盟》里的"中路对线", MOBA 游戏中的对线, 更多的乐趣基本上都是由攻守转换带来的。韩国电竞明星 Dopa 曾发布过两期介绍中路对线技巧的教学视频, 在视频中 Dopa 控制的"卡牌大师"与敌方的"小鱼人"在地图中路互为攻守, Dopa 时而控制自己的英雄暂时防守以谋划对自己更有利的局面, 时而果断出击不惜承受更多的伤害也要进攻以遏制敌方英雄的发育。在完全对称的地图中, 这样的心理、策略和操作等多种元素, 使得对阵双方攻守转换得更加频繁, 直接提高了游戏深度, 更易控制玩家的体验变化。

5.5 "点"的设置

以 MOBA 为代表的塔防类游戏基本以"消灭敌人的基地"为获胜规则，既然 MOBA 游戏的核心玩法来自塔防，那么 MOBA 游戏的地图就得由基地、防御塔、出兵点、路线和资源点组成。"点"是棋类游戏最基础的坐标，所有棋类游戏都可以理解为"点的游戏"。与棋类游戏一样，MOBA 游戏与生存类游戏都是以"点"为游戏地图基础元素，供玩家展开策略思考与战术执行。在本章节的前半部分，我们了解了竞技类游戏中关于"线"的设计方法，在本章节的后半部分，将逐一介绍不同类型的"点"的释义与设计方法。

竞技游戏中的"点"大致可分为如下 3 类：资源点、战术点和胜负点。

5.5.1 资源点

资源点供玩家在对局内积累并获得成长。

在 MOBA 游戏中，资源点为野怪刷新点、敌方小兵汇集点等。资源刷新点还会以全地图中的唯一性与否分为全图唯一资源点和全图不唯一资源点两种。

全图不唯一资源点，就如《英雄联盟》中的"蓝 Buff""红 Buff""毒蛙"等野怪，地图上一般会在左下和右上两边分别刷新一个，供双方对战的玩家获取，目的是让双方的玩家可以平均获得应有的资源。与此同时，也给了双方玩家偷取对方资源刷新点的可能，玩家可以利用策略和操作出奇制胜，及时抢夺对方野区的资源点，限制对方成长的同时加快己方成长的速度。

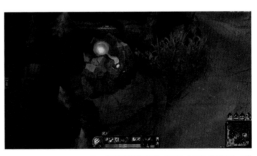

▲《英雄联盟》场景中的"蓝 Buff"

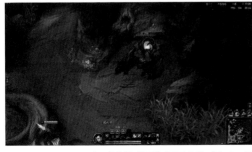

▲《英雄联盟》场景中的"红 Buff"

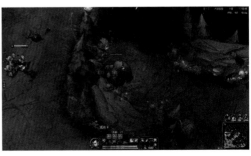

▲《英雄联盟》中场景中的"毒蛙"

《英雄联盟》地图中的"大龙"和"小龙"，就是全图唯一资源刷新点，该资源点每一次刷新时，都只有一方玩家可以完全获得，并且最终获得唯一资源点的一方将获得巨大的成长优势，因此也必将是引发对阵双方产生剧烈冲突的矛盾激发点之一。

▲《英雄联盟》场景中的大龙

▲《英雄联盟》场景中的小龙

与 MOBA 游戏中的资源点完全固定刷新的方式不同，生存类游戏的资源点则是"在大局上必然，在细节上偶然"——这句话的意思是，玩家们都知道某一栋楼肯定是资源刷新点，但是刷新的东西具体是什么则完全不知道。因为资源点刷新的资源完全是随机的，这就导致了游戏内的每一局多少会有所不同，玩家每次进入同样资源点所获得的产出内容、产出时间都是未知的。例如，地图中有交通工具刷新点，但该点每一局是否会产出交通工具则是完全随机的，这导致玩家即使两局都前往同一交通工具刷新点，也不能每次都如愿以偿。这在提高可玩性的同时也提高了游戏的难度，玩家必须快速准备多种策略，以应对各种随机情况的发生。

5.5.2 战术点

战术点是指在对战中可以起到扩大己方优势而降低敌方优势作用的点，一般包括入场点、出场点、藏匿点、防御点和可互动障碍物等。

1. 入场点和出场点

MOBA 游戏地图的入场点和出场点分别为己方出生点和敌方出生点。不管是《DotA》还是《英雄联盟》，敌我双方的出生点清一色都是地图中最长对角线的两端，出生点为整场对局的入场点，玩家从入场点进入战斗，要想赢得战斗就必须攻入敌方的出生点附近。如果是对于局部战斗而言，每个区域的开口都可以成为区域的出入点，那么游戏就有了更多的灵活性。

在生存类游戏中，入场点则又有所不同。从整场战

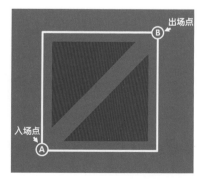

▲ 入场点和出场点

斗来看，入场点是由玩家在航线所能覆盖的范围内自己选择的；从局部战斗来看，入场点是安全区白线圆圈边缘的一个角度，选择得好，在入场时不会遇到敌人，还可以在掩护己方的同时攻击敌人，选择得不好，可能还没有靠近安全区，就已经被击杀。这再一次显示了生存类游戏通过提供丰富的选项而使战斗本身充满不确定性因素。

2. 防御点

防御点是玩家为了防守自己的阵地而存在的系统安排或手动选择的防守位置。

· 系统安排的防守位置

在 MOBA 游戏中，每一方都存在 11 座防御塔，这些防御塔共同守卫了己方基地内的水晶塔，玩家会想尽一切办法守卫防御塔不被敌人摧毁。

生存类游戏中的各种建筑物和掩体位置也是系统安排的防守位置。当安全区缩小到一定程度时，这些易守难攻的位置点已经非常稀少了，占据这些位置的玩家势必认真地守卫着位置点，谁也不愿轻易丢失，而此时进攻方则会想尽一切办法抢夺这些优势防御点，以保障自己在后续的战斗中获得优势防御位置。

· 手动选择的防守点

手动选择的防守点是指在地图设计时并未刻意凸显但仍承担着重要作用的位置点，例如，MOBA 游戏中重要资源产出点的周围，玩家们往往会使用"插眼"提前做好防御敌人抢夺的工作。

作为地图设计师一定要注意，在设计防御点时一定要留有破绽，否则就成了绝对安全区。

3. 藏匿点

玩家选择藏匿点的动机较为复杂，一般分为暂时隐蔽和伺机进攻。例如，草丛是《英雄联盟》和《王者荣耀》中最常见的藏匿点，玩家们既可以在草丛中等待敌人路过给予突然袭击，也可以在自己处于对战劣势时暂时离开战斗，躲避攻击。《DotA》中的树林也有同样的作用，玩家可以藏在树后绕过敌人的视野，起到藏匿作用。

当然，藏匿点也并非绝对安全的区域，MOBA 游戏中的"插眼"、《绝地求生》中的"手雷"，都是藏匿点外的玩家针对藏匿点问题的解决方案。这样的克制关系让游戏的策略性变得更加丰富，可玩性大大增强。

4. 可互动障碍物

障碍物是规划地图中各种路线的重要因素，游戏作为互动性极强的娱乐方式，玩家会思考游戏路线为何不能在实际战斗中自己开辟，为何障碍物不能与玩家互动。当游戏中拥有了这样的设计后，玩家对于游戏深度的探索乐趣会进一步提高。

例如，《DOTA2》的地图中很多区域被树覆盖，兽王的"野性之斧"、伐木机"锯齿飞轮"等技能或装备效果，都可以将树木砍倒从而将游戏中原有的障碍物清除，改变地图内的可移动区域。《绝地求生》中玩家开车撞围栏，《坦克大战》中打碎墙体，都起到类似的作用。

还有一些技能可以与障碍物互动，某些技能可以直接穿越障碍物。例如，《英雄联盟》中的召唤师技能"闪现"，可以直接穿越部分较薄的障碍物；锐雯的"折翼之舞"在第 3 次释放时，也可以穿越一部分障碍物。直接穿越障碍物使得玩家在追击与被追击时产生了许多变数，巧妙地利用可以增加游戏的趣味性，提升玩家的兴奋感。此时障碍物的形状与属性也成了障碍物是否能与玩家产生互动的因素之一。

5.6 修饰物：阵营装饰和标志物

地图内的装饰设计，本应是美工的职责范畴，但作为游戏设计师，则要提前考虑好一些会对玩家造成策略影响的视觉部分。地图中的视觉元素有很多，设计师最需要关注的是阵营装饰和区域标志物。

《王者荣耀》在 S9 赛季中的新地图，战斗双方视觉差异化再一次得到强化，左下方的蓝色阵营和右上方的红色阵营出生点拥有明显的视觉区别。之所以要做出这种区别，目的就是让玩家从进入战斗的那一刻就知道自己属于哪个阵营，避免含糊不清的情况发生。

▲ 红方阵营的出生点

▲ 蓝方阵营的出生点

《DOTA2》则是把阵营装饰做到了极致，"天辉"和"夜魇"不仅仅是出生点有巨大的差异，甚至连防御塔、树木和地表等细节元素也做出了明显的区别。

▲ 天辉一方的基地　　　　　　　　　　　　　　　　　　　▲ 夜魇一方的基地

通过强大的美术表现力，《DOTA2》给玩家带来了清晰的阵营区分，并加强了地图中不同区域的表现力，当玩家熟悉地图后，不用特别关注小地图，只需看到自己所处位置周围的视觉表现，就可以明确知道自己在整个地图中所处的具体位置。

5.7 设计《魔霸大逃杀》的基础地图

《魔霸大逃杀》是笔者在 2017 年带领团队设计并开发的一款融合型（MOBA 与生存类融合）竞技手游，并试图思考生存类的游戏机制是否只能通过射击类的战斗方式进行体现，如果采用 MOBA 的战斗方式会带来怎样的体验效果。

在这样的命题下，首先要思考的就是射击类的地图元素，如何用 MOBA 的地图元素完美适应生存类游戏的核心机制。

接下来，笔者将按照前文所讲述的地图设计方法，与读者一同设计《魔霸大逃杀》的第 1 版游戏地图。

5.7.1 设计地图大小

地图大小包含基础单位、移动速度、基础游戏时长、阵营与人数和地图尺寸等元素。

1. 定义游戏内的基础单位

由于是手机游戏，《魔霸大逃杀》为了适应更广阔的游戏市场，以及更切合移动端的普遍审美风格，在立项之初就决定采用 Q 版的视觉风格。Q 版的游戏风格多是 2~4 头身的比例，此时角色的身高就无法再以现实生活中的情况进行标准尺寸的量化，而是使用 1 个角色的最大占地面积 =1 格作为基础单位。

2. 定义角色的标准移动速度

前文已经计算过，每秒移动 5.9m 是游戏中较为舒适的移动速度，假设一个写实角色的标准身高是 1.7m，那么 5.9m/1.7m=3.4 倍，这意味着每秒移动 3.4 倍于角色标准身高的距离或许可行。经过比照，《魔霸大逃杀》中的角色基础身高约为 1.3 格，因此我们先将《魔霸大逃杀》中角色的移动速度定为每秒 4.42 格（1.3 格 ×3.4）。

将每秒 4.42 格的移动速度输入实际程序中，我们会发现，由于角色是 Q 版的，身高和四肢普遍较短，每秒 4.42 格的移动速度就显得太快了，同时，我们还要为游戏中的一些增加移动速度的属性加成留出空间。经过实际调整，每秒 2 格左右的移动速度，是目前看起来比较适宜的。因此，我们将每秒 2 格定为游戏中角色的基础移动速度。

TIPS

> 这里需要简单解释一下，当你在游戏设计中遇到一个新问题不知该如何下手时，本书讲述的所有游戏设计方法，将是你在解决问题时的理论参考。但理论终归只是理论，在理论与实践相结合后，仍需要针对游戏的实际体验进行调整，直到实际体验符合你所针对的游戏市场。

3. 定义游戏的基础游戏时长

目前市面上的手机竞技游戏时长是多种多样的，以《王者荣耀》为代表的标准 MOBA 游戏时长为 15 分钟以上，因此，笔者将《魔霸大逃杀》的游戏类型定义为轻度 MOBA 游戏，在第 1 版中设计的整体的游戏时长为 10 分钟以内，这将更有利于打开游戏所针对的目标市场。

4. 定义游戏内的阵营与人数

以《绝地求生》为参考蓝本，该游戏的参与人数为 100 人，游戏最长时间为 38 分钟。以单排、双排和四排进行阵营划分可分为 100 个阵营、50 个阵营和 25 个阵营。在移动端中，由于手机配置和无线网络不稳定所带来的客观条件限制，100 名玩家同时在一张 8km×8km 的超大地图内进行 38 分钟的对战变得不太现实。

既然游戏时长定在 10 分钟以内，我们就以《绝地求生》最后 10 分钟的战斗节奏为参考。暂定一局对战最多 36 名玩家，每个阵营最多 3 人，最多 12 个阵营。

🖐 5. 定义地图尺寸

如前文所述，我们已经获得了游戏的基础移动速度、基础游戏时长，以及单局最多玩家数与阵营数，此时离获得第 1 版的大致地图尺寸距离不远了。

首先，我们要让 36 名玩家都至少可以在地图中获得 1 个格子的位置，那么地图尺寸的最小值为 36 格，一个正方形的地图则是 6×6 的大小。

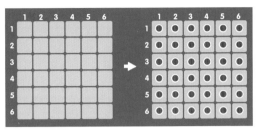

▲ 36 格位置

尽管竞技游戏地图设计的首要特征是鼓励玩家发生冲突，但上图中每个格子中的玩家完全没有任何移动的空间，所有相邻的格子全都站满了人，玩家不仅没法移动，甚至没有任何可以获得成长的空间，这显然不符合我们对游戏的期望。

因此，先假定每个玩家至少移动 3 秒后才能遇到其他玩家，设每秒的移动速度为 2 格，则每个玩家至少需要 6 格的间距，地图的正方形边长为 48。

一般情况下，游戏内只要涉及尺寸相关的数据，都会以 2 的幂次方为最优解，这是因为在游戏开发的各种细节中，2 的幂次方作为参考几乎无处不在，现在并不知道随着游戏的开发未来会有怎样的调整，我们只知道调整一定是不间断的，所以提前以 2 的幂次方作为尺寸基础，可以更好地应对游戏开发与调整中的各种未知情况。

边长 48 格的正方形，48 并不符合 2 的幂次方标准，在 2、4、8、16、32、64 和 128 中，最接近 48 的数字为 32 和 64，而我们还没有考虑障碍物及其他的地图零件，所以选择 64 这个数字为第 1 版地图设计的标准尺寸。

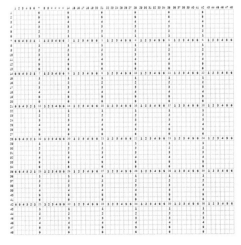

▲ 正方形边长为 48

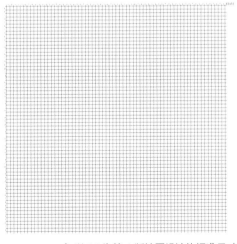

▲ 以 64 为第 1 版地图设计的标准尺寸

5.7.2 规划区域

由于是手机游戏，简化操作和紧凑游戏进度是必要手段，因此在《魔霸大逃杀》中，我们将 PC 端生存类游戏中的城区、林区和山区等进行抽象继承，并浓缩为出生区、资源区和藏匿区。

1. 出生区

在《绝地求生》中，出生区看似是由玩家自己选择的，但实际上由于航线的不确定性，出生点依然充满随机性。在对局早期引发冲突又是生存类游戏的核心乐趣点之一。因此，我将整张 64×64 的地图划分成大大小小的 64 个区域，这并没有打破前文中约定的"平均每个玩家都能占有一个 12×12 区域"的设定，因为平均是相对的，我们要让部分玩家在开局就尽快碰面，尽快战斗。

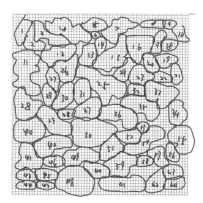

▲ 区域规划

玩家在这 64 个区域中随机出生，相邻区域是否有敌对玩家是完全随机的，完全看玩家的运气。这样的改动虽然弱化了玩家的自主选择性，但加强了不确定性带来的兴奋感。

2. 资源区

由于开门的动作在手机上实在是难以简化，因此我们把 PC 端中的"门后是什么"改为"箱子中是什么"，把由建筑物组成的城区转变为由箱子组成的分散在地图中的资源产出点。

玩家落地后砸碎箱子获得随机道具，将代替 PC 端上开门的操作，虽然操作有所不同，但获得的心理体验是一样的。参考长盛不衰的经典游戏《泡泡堂》中炸箱子的动作。

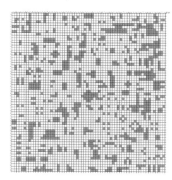

▲ 橙色的方格是可以产出道具的箱子

▲《泡泡堂》中炸箱子以获得各种道具

🖑 3. 藏匿区

如前文所述，处在藏匿区的玩家会同时获得暂时的安全感和伺机偷袭的兴奋感两种情绪，所以在《魔霸大逃杀》中藏匿区的设计就是非常重要的，这里使用 MOBA 游戏中最常见的"草丛"元素铺在地图中的大面积位置上。

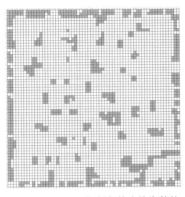

▲ 绿色的方块为草丛　　　　　　▲ 和道具刷新点放在一起

当出生区、资源区和藏匿区规划好后，游戏地图中的基础要素也就基本完成了，游戏也拥有了一定的可玩性。但如果想做一个好玩的游戏，这还远远不够，我们还要对玩家的行为进行引导，接下来要放置各种元素。

5.7.3 填充元素

在玩家出生区的规划中，我们已经完成了 64 个区域划定，又通过道具刷新点和藏匿点大致将游戏中可以互动的部分完成。此时我们要把 64 个出生区使用"硬阻挡"更明确地展现给玩家。

硬阻挡是无法让玩家击碎的，因此绝对不能让硬阻挡封闭住任何出生区，否则玩家会被困住，失去游戏的意义。与此同时，玩家在地图中的任何一点都可以自由移动到地图中其他点上，当玩家站在任何一个路口中，总是能找到 2 条以上的路线选择，游戏深度也得以体现，游戏的重复可玩性得到提高。

但笔者要给玩家制造一些小小的困难，要让玩家在选择路线时付出一定的成本。这是因为，当玩家没有付出成本就可以轻易获得一些奖励时，玩家对其做出的选择并不会获得任何成就感，所以笔者在地图的所有路口放置"软阻挡"。

软阻挡与道具刷新点相似，是可以被玩家破坏的另一种障碍物，笔者希望玩家在参与追击的过程中获得来自地图的互动，玩家可以冒险从草丛中移动，也可以花短时间打碎软阻挡前进，一切都是玩家的选择，不同的选择会产生不同的结果反馈。游戏的可玩性就在玩家的"选择→行动→获得反馈"中增进。

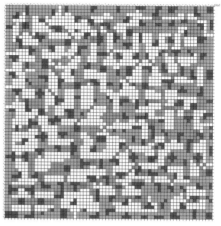

▲ 灰色的部分为硬阻挡　　　　　▲ 在每个路口加入软阻挡（蓝色方块）

此时地图中已经没有任何不需要互动就可以行走的路线了。软阻挡也可以随时加入一些特殊的道具掉落在其中，但要谨慎，当加入了掉落以后，软阻挡就会转化为资源刷新点，玩家会被掉落引导而倾向选择击碎软阻挡，从而减少选择进入草丛的玩家，草丛是比路口更加危险的区域，然而越是危险的区域，越容易引发玩家的冲突，我们反而应该在草丛中放置奖励，鼓励玩家进入草丛。

追击是大部分竞技游戏中最常见的元素，也是组成玩家游戏乐趣最基础的要素之一。如何设计好追击，又是一个容易被众多游戏忽视的问题。设计好追击过程，以我的认知，控制追击双方的速度变化会带来非常显著的效果。在《魔霸大逃杀》中，我们已经使用了草丛和路口软阻挡等手段控制追击节奏，为了再次加强，引入"减速带"元素。

减速带是指玩家进入某个划定好的区域后，会降低移动速度，但并不会完全停止移动，追击的双方中，被追的一方一定要时刻注意不要进入减速带，而追击的一方由于在位置上落后于被追击方，因此特别期望他所追击的目标进入减速带——减速带让前者投入了更多的专注力，又给后者带来了一定的期待感。最重要的是减少了追击的过程，过长时间的追击过程会让追击双方感到疲惫、无聊。在《魔霸大逃杀》中，把减速带安置在了路口与草丛附近，并取代了部分硬阻挡，这可以让地图中的部分区域看起来更宽阔，减少局促感。

▲ 深蓝色的部分为减速带

至此，《魔霸大逃杀》的第 1 版地图中的可互动部分已经基本设计完成。整张地图中包含了草丛、资源刷新点、减速带和软阻挡等必备元素，但却产生了新的问题，当玩家在地图中的出生区域中进入战斗，同时在地图中移动的时候，在不借助其他方式（如小地图）的情况下，如何才能明确知道当前自己在地图中的位置呢？因此，我们需要加入类似城市地标一样的修饰物，标志物不能在地图中排列得过于密集，否则就失去了它存在的意义，同时也不能排列得过于稀疏，这样玩家还是会迷惑，在手机游戏中，最佳的排列方式是每个屏幕都能看到一个标志物的存在，因此，在放置标志物之前要先定义"视口"。

　　视口就是玩家的手机在一屏内可以显示的内容。视口不可过大，会导致玩家对自己所控制的角色产生距离感；视口又不可过小，会导致玩家在屏幕内获得的信息不足而产生压抑感，所以视口的大小要经过多次调整以实现信息量充分的同时而又不会产生距离感，在《魔霸大逃杀》中，视口大小暂定如下。

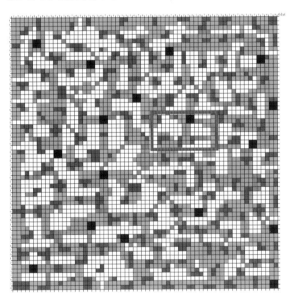

▲ 粉色代表视口大小，纯黑色的格子代表标志物

　　在这个视口大小下，玩家基本上能同时看到两个区域，信息量较为充足。那么在标志物的放置上，基本也做到了无论视口怎么移动，总是能看到或至少掠过一个标志物。这样的设计暂时满足了设计要求。

　　直到现在，我们才真正意义上将《魔霸大逃杀》的第 1 版地图设计完成，地图中有路线、资源刷新点、藏匿点、障碍物和标志物等在地图设计中必备的一些要素。我们可以将地图交由场景美术进行视觉化和风格化的打造了，但这仅仅只是第一步，地图——作为竞技游戏可玩性最重要的环节，是需要持续调整、不断迭代的，这和任何一款竞技游戏的发展一样，永远都不会有绝对完美的一天。

第 **6** 章

游戏系统分析与设计

在玩法之外，游戏还会有其他各种各样的功能，如何将这些功能和玩法串起来，这就是游戏系统的工作，游戏系统负责玩家从打开游戏到退出游戏的全部流程。在竞技游戏中，游戏系统到底包含了哪些部分，这些部分的内在逻辑是怎样设计的，本章将详细介绍。

6.1 概述

游戏系统是一个可大可小、可复杂可简单的逻辑嵌套体系。逻辑嵌套体系是指任何完整的游戏系统都由若干个独立的小型系统互相穿插连接。好比一辆汽车，核心战斗的部分就像车的引擎，是决定一款车性能的最重要部分，但光有引擎是不够的，汽车还需要有车架。游戏的系统结构就是汽车的车架，车架负责把车窗、座椅和汽车外壳等零件拼装在一起。

▲ 系统由小零件拼装而成

竞技游戏的系统类型非常多，但加以概括，则可以分为如下 5 大类：社交、匹配、排位、付费与成长。这些系统既独立又彼此连接——每个类别都有自己独立的运作逻辑，但又会暴露出一些接口而互相穿插引用。如果将这些系统巧妙地设计与组装，会对游戏内玩家的长期留存起到惊人的正面效果。

6.2 社交：竞技游戏的第二核心

放眼现实社会我们会发现，最精彩最刺激的运动，往往都是团队型运动。同样，在电子竞技中，我们会发现单人竞技游戏，无论从受众规模还是战斗的激烈程度，都不如需要团队配合的游戏。

在这样的趋势下诞生的全球范围内的顶级电子竞技赛事，多是以 MOBA 和 FPS 多人竞技为主导，而单人项目如《炉石传说》和《皇室战争》等赛事的影响力和发展规模，就略逊一筹。

根据知名数据网站 Esports Charts 的统计报告显示，2017 年《DOTA2》的 TI7 比赛期间，全世界有将近 1100 万人观看了赛事直播，观众同时在线人数最高超过了 500 万。另外一个更流行的 MOBA 游戏《英雄联盟》的观众数则更加夸张，根据 Riot Games（《英雄联盟》的开发商）的统计，2017 年在 SKT 和 Rox Tigers 进行的《英雄联盟》总决赛中，最高达到了 1470 万人同时在线观看，冠军战的总观看人数更是超过了 4300 万。更值得一提的是，《DOTA2》在 TI7 的总奖金高达 2400 万美元，连续数年成为世界上奖金数最高的电子竞技赛事。

2017 年 5 月全球电子竞技各大赛事的比赛观众数前四的游戏分别是《英雄联盟》《DOTA2》《王者荣耀》《炉石传说》。其中，《英雄联盟》季中邀请赛的观众数峰值达到 1300 万；《英雄联盟》LCK 夏季赛的观众数峰值达到 630 万；《DOTA2》马尼拉大师赛的观众数峰值为 360 万左右；《王者荣耀》KPL 联赛峰值达到 314 万；竞技卡牌游戏《炉石传说》中欧对战赛，在开赛第一天，观众数最高峰值就已经达到了 237 万。

不过，通过以上数据也可以了解到，虽然《炉石传说》已经是一款可玩性和观赏性俱佳的竞技卡牌游戏，但与 MOBA 游戏相比较，无论是玩家规模还是观众数量，都仍然存在着极大的差距，造成这种差距的原因之一，就是团队竞技与单人竞技的本质影响力。

那么，团队竞技与单人竞技所产生的这种差距又是由什么原因造成的呢？

6.2.1 团队竞技与单人竞技

大部分只能单人竞技的游戏，其策略深度和观赏性都远不如团队游戏。游戏往往能带给玩家技术、策略和配合 3 种类型的深度体验。策略考验玩家对核心战斗的理解，对地图、局势的分析，以及如何解决当前问题的能力；技术考验玩家的反应速度和应变能力；配合则会迫使己方阵营的玩家合作，感受齐心协力实现目标的乐趣。所以只有团队游戏能给玩家带来策略与技术之外——更重要的团队配合的乐趣体验。

竞技游戏之所以能带给玩家沉浸式体验，是因为游戏内存在着大量的博弈点。博弈是指在一定条件下，遵照一定的规则，一个或几个拥有绝对理性思维的人或团队，从各自允许选择的行为或策略进行选择并加以实施，并从中各自取得相应结果或收益的过程。实际应用到游戏中是指当两名玩家在同样的环境下，需要通过怎样的方法，做出自己绝对有利的决策。当参与博弈的各方人数增多以后，其博弈的结果与不确定性也就提高了，这种不确定性除了给参与者带来更强的游戏驱动力之外，也让观众对结果有了期待。

竞技游戏存在的意义，本质上是为朋友之间一起娱乐找到一个契合点。游戏虽然是只存在于虚拟世界中的一种娱乐工具，但会给人们带来真实的情感，虽然游戏内获得的各种力量、道具是虚拟的，并不能带到现实社会中，然而在获得胜利的一刹那，带给人或兴奋或沮丧的情绪反应是真实存在的。这种真实感，会由于战斗中真实玩家的增多而营造得更加强烈。

人类参与各种社会型娱乐活动，早已不再是以单纯的活动本身为目的，而是通过参与使得人与人之间的情感联系更加紧密。这种情感联系的结果，把个人与个人之间的斗争，转化为团队与团队的斗争。团队竞技会减少个人游戏时的受挫感，增加由团队带来的安全感。例如，MOBA 游戏中，上单在对面的强势英雄而显得势单力薄、孤立无缘之际，打野或中路英雄能来上路支援，则会立即转变局势，从原来的 1v1 变为 2v1，原先势单力薄的弱势方转变为强势方。这样的局势转变也只有在团队竞技型游戏中才能出现。局势的转变，是由其所蕴含的各种各样战术体系所决定的。

6.2.2 战术分配

只要是团队竞技型游戏，就一定离不开战术分配。团队中每个人的爱好都有所不同，有的人喜欢在战斗时冲在队伍最前面与敌人展开正面厮杀，也有的人喜欢在队伍最后释放技能。在设计战斗时，要充分考虑不同喜好的玩家需求，让每个玩家都能在战斗中找到自己的位置。

依据游戏类型划分，目前市面上主要存在 MOBA 和生存类两种类型的团队竞技游戏。下面将简单讲解不同战术体系下，如何划分玩家的位置。

1.《DOTA2》的战术分配体系

《DotA》是 MOBA 游戏的奠基者，其战术体系在演变过程中也越来越复杂。无论如何变化，《DotA》奠定了"一张正方形地图"和"上、中、下 3 条路"的游戏机制。依据地图的设计，《DOTA2》中将玩家分成了 1 号位、2 号位、3 号位、4 号位和 5 号位。

1 号位：又称"Carry 位"，简称"C 位"。C 位的主要工作是对局前期要尽可能快速地发育，让自己在整场战斗的中后期尽早领先敌人的 C 位英雄达到装备成形。在《DotA》中，C 位是团队中最主要的核心输出点，常见的 C 位英雄有蛇发女妖、敌法师和幽鬼等，这些英雄极度依赖装备和自身技能，一旦资源获取到位、发育成形，在对局后期可在团战时造成巨大的伤害。

2 号位：对局前期在地图中路单人对线，主要工作是压制敌方对线英雄，达到一定等级后可到边路支援 C 位或 3 号位。中期通过游走带动全队节奏，在 1 号位的发育尚未成形时，2 号位也可作为团队主要输出点，在战斗前中期的团战中输出伤害。常见的 2 号位英雄有火女、影魔和圣堂刺客等。

3 号位：对局前期单人在劣势路抗压，需要选择有一定控制和先手能力的英雄。在保证不送人头的情况下自己也能有发育空间。在前期的小团战中，3 号位的作用较为明显，由于是先手开团，往往会选择比较"肉"（血厚、攻击力高、抗打击强）的英雄，如潮汐、猛犸和虚空假面等。

4 号位：4 号位往往分为 2 种打法，一种是专门打野，另一种是偏发育型的辅助。选择打野时要保证自己的野区发育，同时还可以支援线上的对线和推进。而偏发育型的辅助是保证在尽可能不和 C 位抢夺资源的情况下，快速获得一些团队装，从而支援队伍的推进。常见的 4 号位英雄有小鹿和陈等。

5 号位：团队中最根本意义上的辅助位置，需要承担插眼、对线支援和保护 C 位发育等工作。有一定的控制技能，开团后抢先控制敌方英雄并给 C 位的输出拉开空间。常见的 5 号位英雄有复仇之魂、拉比克和莱恩等。

2.《英雄联盟》和《王者荣耀》的战术分配体系

《英雄联盟》简化了《DotA》里的一些战术，降低了游戏门槛，让游戏变得更加易于上手，而《王者荣耀》又基于《英雄联盟》再次做了简化，使得 MOBA 游戏更容易适应于移动端。但无论怎么简化，《王者荣耀》和《英雄联盟》中对于战斗位置的分配仍然是相同的，根据战斗早期英雄在地图中的站位，可分为上路、中路、下路和打野 4 个位置。

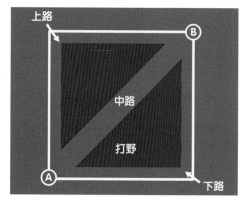

▲ 4 个站位

上路：上路一般为 1 名英雄单人对线，选择上路位置的往往又称之为"上单"。上单英雄一般有高爆发、强控制和强机动力的特点，因为上单的主要工作是在确保自己发育的情况下进行全图的支援，有时还会利用自己的先手控制技能进行开团。例如，在 2017 年《英雄联盟》总决赛场上出尽风头的皇子，他在上路时可以用自己的大招强行开团，敌人如果不使用逃命技能，则会被困住，从而给我方英雄的集火输出留出空间。

中路：中路一般与上路一样，也是由 1 名英雄单人对线，选择中路位置的往往又称之为"中单"。中单要有一定的控制、爆发和位移能力，在满足自身发育的同时兼顾其他位置的支援。中单也具有全局"带节奏"的能力。例如，中路英雄正义巨像——加里奥强大的位移加上满格的防御能力，让这个又能支援又扛打的英雄在 2017 年《英雄联盟》S7 赛季总决赛上大放异彩，当 RNG 战队和 SKT 战队在 1/4 决赛相遇时，"到底是不是要 BAN（竞技游戏术语，禁止、禁用的意思）加里奥"成为当时的热门话题。

下路：下路一般分为两个定位，一个是输出，一个是辅助。同《DotA》一样，输出位在《英雄联盟》和《王者荣耀》中也称为 Carry 位。不同的是，在《英雄联盟》和《王者荣耀》中，输出型英雄几乎都是由物理射手型英雄担任，团队中的大部分输出都由

Carry 位的英雄负责，所以这个位置也是最容易出明星的位置。例如，RNG 战队中大名鼎鼎的"Uzi"，还有 LGD 战队中的"imp"，当他们所控制的 Carry 英雄发育成形以后，疯狂的输出可以让敌人瞬间团灭——也正因为如此，如何保护 Carry 位英雄进行良好的发育，以及帮助 Carry 英雄在团战时获得良好的输出环境，就是下路的另外一个辅助位英雄需要做的工作。

辅助位往往会由一些防御能力较强，同时还带有一些控制技能的英雄承担，例如，布隆和大树等。有些时候，如果中单英雄是很抗打的英雄，辅助位会选择对团队增益效果比较明显的，例如，风女和琴女等。无论选谁，拥有一手控制技能，帮助 Carry 位的英雄留住敌人，是辅助英雄的必要条件。

打野：由于 MOBA 地图中还分布着很多野区资源，因此就诞生了专门收割野区资源的分工定位，打野英雄对于团队最直接的好处是不用去与线上其他位置的英雄抢夺资源，其次是可以通过收割自己野区资源并抢夺别人野区的资源，限制敌方对位英雄的发育，在满足自己的发育之后，还可以去上路、中路、下路捉人从而加快己方的推进进度。打野位的英雄一场战斗下来基本一直处于跑动状态，因此对英雄的机动性要求非常高，例如，盲僧和酒桶。打野位也很容易诞生电竞明星，国内著名《英雄联盟》打野位选手"麻辣香锅"，在 2017 年《英雄联盟》S7 的 1/4 决赛对阵 SKT 的比赛中展现了非常强悍的打野技术，不仅包揽了自己野区的所有资源，还将敌方打野位的英雄完全限制住了发育。虽然最终RNG 还是输给了更老辣的 SKT，但麻辣香锅"拉风"的打野风格仍旧给数千万观众留下了深刻的印象。

3.《绝地求生》的战术分配体系

《绝地求生》的核心战斗方式和传统的 FPS 游戏并无差异，这就导致了以《CS:GO》为代表的玩家定位也多多少少地带到了生存类游戏中。虽然 FPS 游戏的发展比 MOBA游戏的历史要长很多，但至今仍没有发展出 MOBA 游戏那么固定的战术定位，此处说的是"没有那么固定"，并不是"没有固定"。由于笔者本人也同时在运作一支《绝地求生》的战队，因此对生存类游戏的战术分配稍微也有一些自己的理解。

由于生存类游戏实际上更偏向于"开放式沙盒类"游戏，因此"探索"成为这类游戏最重要的职责。在探索的过程中，需要有指挥、侦察员、火力手和突破手等定位。值得注意的是，除了指挥之外，这些定位并不是非常固定的一定由某一名玩家从头到尾地承担，例如，火力手同样可以做指挥，必要时刻甚至可以当侦察员，也许未来会发展成更加清晰和固定的定位，但在如今定位仍然是非常灵活而模糊的。

指挥：在生存类游戏中，"标点"是一个非常讲究的事情，需要站在宏观局势上认识当前的战场局势。但并非所有玩家都适合如此宏观地思考游戏，因此团队中需要一个负责带领队伍前进的总指挥，队内的其他玩家可以建议，但决策权只能在指挥一人身上。指挥控制了队伍的游戏节奏，负责安排队内每名队员的行进和站位。即使如此，指挥并不是不参与战斗，在当前的顶级战队中，指挥甚至由主火力手承担。例如，LG 战队的 Ninjia，他既是 LG 战队的主火力手，同时也是队伍的总指挥。

火力手：顾名思义，火力手就是全队内交战时开火的主力，往往会持狙击枪远距离攻击敌人，不到万不得已不会与敌人近距离交战。在需要火力手进攻时，其他队员会以"拉枪线"的方式为其吸引敌人暴露目标，在敌方暴露目标的一刹那，火力手要快准狠地击毙敌方。这是一个需要天赋的定位，因此也极易产生明星，例如，前文提到的 Ninjia，还有国内的 A+，都是弹无虚发的明星火力手。

突破手：前文已经分析过，"抢点"是生存类游戏最本质的核心策略。因此必然会面临"攻点"等近距离的战斗，此时，负责打开局面的突破手就是冲在最前面的"壮士"，将敌人的火力牵扯出来供殿后的队友攻击。因此突破手往往会使用近距离杀伤力比较大的武器，如冲锋枪、猎枪和步枪等。

侦察员：大部分时候，为了避免造成突破手或其他队员无意义的牺牲，在生存类游戏中，还需要一名负责探点的侦察员，一般会在游戏中开单人摩托或者硬顶吉普车等领先队伍前去要前往的点探查敌情。如果探查到目标点上有敌人，则可立即告知队友，并由队长决定是进攻还是撤退，即使侦察员最终牺牲，也不会导致己方大部队全军覆没。

前文使用大量的篇幅笼统地介绍了各种团队竞技游戏中的不同分工与定位，当读者开始设计任何一种类型的团队竞技游戏时，一定要同时考虑到不同需求的玩家在团队中究竟如何定义自己的位置，这样有助于让玩家快速适应游戏，从而提高游戏的长期留存率。

6.2.3 公会与战队

笔者最早认识公会是在《魔兽世界》中，每天都有不重样的公会活动，公会的出现，是基于当今人们"陌生人社交"的基本需求。当今的大部分玩家是独生子女，成长中难免会有孤独感，团队游戏则是消除这些玩家孤独感的一种方式，因此游戏内的公会几乎就成为所有游戏的"标配"。

"有人的地方就有江湖"，代表社会关系的"江湖"一词也同样出现在虚拟世界的社交中。任何一个社会型组织都有发起者、管理者和参与者等各种各样的角色。玩家们可以根据自己的喜好，选择在虚拟世界中扮演相应角色来发挥自己的作用，帮助自己实现在虚拟世界中的目标。

根据组织内的不同职责，结合竞技游戏的特殊性，以《王者荣耀》为参考，把公会（或战队）系统的功能做了如下划分。

1. 创建战队

当玩家有在游戏内成立社交型组织的欲望时，创建战队成了玩家的第一选择。创建战队将先进入筹备期，在筹备期间内征集到足够的响应者则创建成功，成功后，创建者和响应者都成为该战队成员，创建者担任战队队长，并从响应者中产生两位副队长。这样的设计，要求创建战队的玩家本身就具备一定的社交组织力，否则很难获得其他玩家的响应。其他玩家也在某种程度上给予了创建者信任度，至少是相信与其共同游戏可以获得更好的长期游戏体验，才会响应创建者建立战队的请求。

2. 管理战队

与传统的 MMORPG 游戏复杂而庞大的公会型组织不同，在大部分竞技游戏中，管理战队并不需要非常繁复的工作，这也满足了大部分参与战队管理的玩家内心最本质的"担任职位但不承担责任"的需求。战队的日常管理主要是招募其他情投意合的玩家进入战队，处理申请加入战队的请求，安排战队内队员的活动等。竞技游戏设计师一定要尽可能地让这些工作可以由系统自动化完成，毕竟游戏的本质只是满足玩家的社交需求，玩家并不真正地希望在你的游戏中"上班"。例如，《王者荣耀》就开发了"招募附近的玩家"的功能，这类似微信中"附近的人"，满足最基本的"猎奇感"即可。

3. 战队战斗

战队的设计是围绕着促进玩家更频繁地参与核心战斗为本质目的展开的，社交活动则是推进玩家坚持游戏战斗的主要动力。此时游戏不再是为单个玩家之间制造矛盾与冲突，而是在众多玩家之间创造了"产生冲突的机会"。正如《乌合之众》书中所述，"群体心理的共同特点：群体中的人普遍获得一种集体心理，这种心理使得他们的感情、思想和行为变得和他们作为一个单独的个人时非常不同。"当玩家参与战队战斗时，会比自己单独战斗时有更多的责任感，因此在战斗胜利时的荣誉感和集体自豪感会大大加强，如果是因为自己的行为造成的团队胜利，玩家还会把这种胜利感再一次放大，获得前所未有的自我认同感——毫不讳言，这是在现实中极难获得的。因此，当玩家在虚拟世界中获得自我价值体现的机会时，就会带来前所未有的正向激励，这种激励再通过某种量化的方式转化为"战队成长"，最终成为战队内玩家们不断重复游戏的新动力，为游戏增加长期留存。

4. 战队成长

量化战队的成长是对战队内所有成员最重要的反馈，正如前文所述，"要无时无刻地对玩家的行为产生反馈"。在《王者荣耀》中，这种指标类型又分为"战队整体成长"和"个人在战队内的成长"两种。战队内的玩家通过战队整体成长获得集体荣誉感，又会从个人在战队内的成长获得个人的成就感与认同感，两者相辅相成，缺一不可。

5. 战队人数

人数最能直接体现战队的规模，玩家希望自己参加的战队是强大的，对其他玩家是具有吸引力的，但并不是所有玩家都持有"大而强"的心理预期，也有一些玩家创建的是"三五个好友一起游戏"的"密友型"战队，他们并不希望自己的小圈子有外人随便进入。所以在设计战队系统时，要同时兼顾玩家的各种心理预期的需求，不可单一化地思考，要为包容多元化的情绪留出空间。

6. 战队等级和战队评级

战队内成员的活跃点会转化为战队经验值，经验值达到一定等级后，即可提升战队等级，等级越高的战队可容纳的队员数量就越多，并会提供更高的结算金币加成。这是典型的将战队内的个人行为量化为战队成长，再将战队成长作用于个人收益的数值链条。

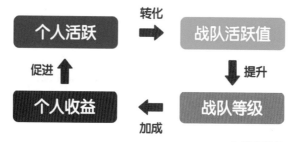

▲ 数值链条

上图是《王者荣耀》通过战队系统促进玩家活跃最基础的数值反馈链条。战队活跃点还会决定战队评级，在《王者荣耀》中，战队评级分为白银战盟、黄金近卫、白金铁卫、钻石血卫和王者联盟 5 个阶梯，在战队等级之上归纳出另外一套评级系统，除了增加战队内玩家的集体荣誉感之外，还可以简化玩家对于战队等级的认知，让玩家对战队的档次产生更直观的认知。

7. 战队竞技奖励

为了鼓励玩家尽可能地参与战斗，《王者荣耀》又根据战队活跃点和战队评级设计了战队竞技奖励，分别分为"周奖励"和"赛季奖励"——这又是一个将长期目标拆分成短期目标的典型案例。

周奖励是每周根据当周各战队活跃点的获得情况进行排名，并发放奖励，战队各成员奖励相等，从第 1 名到未上榜都会有不同数额的金币奖励。

赛季奖励是每个赛季结束时，根据战队评级发放奖励，从青铜军团到王者联盟都以此给予钻石奖励。

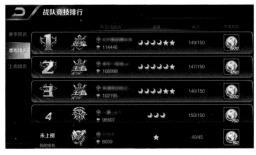

▲ 排名和金币奖励

▲ 排名和钻石奖励

金币可以购买英雄、抽取铭文，这再一次利用战队成长和个人收益的关系促进玩家的活跃度。

由此可见，《王者荣耀》对于战队系统与玩家个人收益之间的循环促进理解得非常深刻，并尽可能地对战队成长的数值量化进行了深度挖掘，最大化地建立了集体与个人之间的数值关系，增加了玩家在游戏内的活跃度，为游戏的长期留存起到了非常积极的推动作用。

6.2.4 沟通：文字、语音和战斗标记

前文讲述了多人竞技游戏中的战术体系分配，以及核心战斗之外的战队系统的重要性和设计方法，但光有这些模块化的功能还远远不够，我们仍需要使用各种沟通的手段让玩家在游戏内进行更直接的交流。

1. 文字

自网络游戏诞生以来，提供打字功能让玩家之间互相交流已经是网络游戏的"标配"了，在竞技游戏中，这种习惯也被保留了下来。

例如，人们常用的网络用语"GG"，就是出自《星际争霸》。"GG"原本是 good game 的首字母缩写，是对战双方为了互相表达友好，在战斗开始或结束时的问候语。后来经过一段时间的演变，在战斗即将结束时，弱势的一方如果觉得回天乏力，就会提前打出"GG"表达自己输掉了当前对局，伴随着网络文化的兴起，这种表达方式迅速传播，并最终成为表达一件事情完蛋了的语言习惯。

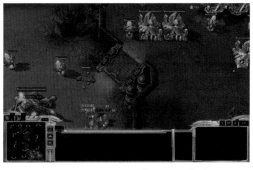

▲《星际争霸》输掉比赛时

在《英雄联盟》《王者荣耀》《CS:GO》等游戏中，玩家为了快速和队友传递信息、沟通战术，战斗内的文字聊天更是必不可少的。一般情况下，这些文字信息会以"玩家昵称 + 冒号 + 想要表达的内容"呈现。

▲ 文字对话

2. 语音

游戏中用于玩家互相沟通的实时语音系统是众多游戏（不仅是竞技游戏）的必备系统，这甚至催生出一家庞大的上市公司——YY 语音。

YY 语音最早用于《魔兽世界》的团队语音指挥通话，并逐渐吸引了其他游戏的玩家。2009 年年初 YY 语音的用户就已经形成了可以和游戏用户抗衡的用户群，YY 语音的娱乐公会逐步超越游戏公会，人气也日渐增长。时至今日，它已经成为集合团队语音、好友聊天、视频功能、频道 K 歌和视频直播等众多功能为一体的综合型即时通信软件。2012 年 YY 语音的母公司"欢聚时代"在美国纳斯达克上市，2017 年年底欢聚时代的总市值达到 67.20 亿美元。这样的发展历程足以告诉我们，一个点滴的玩家需求，如果可以深度挖掘、细心经营，就可以带来巨大的商业机会。

话题回到游戏内的语音，游戏内置的语音系统需要默认具备"频道"功能，例如，在《绝地求生》中的语音就分为"全部语音"与"组队语音"。

▲ 语音频道

当将语音频道开启为"所有"时，意味着在游戏中离玩家较近的其他所有玩家，不管是敌方阵营还是己方阵营，都可以听到玩家的讲话，这样的设定一般用于有众多玩家参与的高自由度游戏中，例如，《绝地求生》和《H1Z1》。

在《球球大作战》等轻度休闲竞技游戏中，开放式的语音系统也能促进玩家的沟通，"合作、合作、求合作"已经是《球球大作战》的代表性语音。

3. 战斗标记

由于竞技游戏的战斗往往较为激烈，战斗局面也较为复杂，仅靠打字或语音的沟通，内容是极其有限的，此时就需要预设战斗标记供玩家使用。虽然不同游戏类型的战斗标记五花八门，但其本质思路往往都是以"位置＋事件"的逻辑进行设计。这是由于地图太大，标记可以让位置更加准确。

比如，《英雄联盟》中战斗标记就是典型的"位置＋事件"的结构。将鼠标移至地图中的某个位置，再使用键盘 G 键调出战斗标记菜单然后选择某个事件，就完成了战斗标记，标记会在游戏地图和小地图中同时向队友广播。

▲《英雄联盟》中的战斗标记菜单

再比如，《绝地求生》中的地图标记，笔者在训练战队时就会要求队员养成在地图上标记飞机航线进点和出点的习惯，从而更精确地记住航线，方便战斗前、中期通过航线判断局势。

6.3 匹配机制：包容所有水平的玩家

处于相同竞技水平的玩家之间的对局，比赛双方都会感受到乐趣，并给玩家带来成瘾性。

现实生活中，最受瞩目的竞技比赛是来自强队与强队之间的较量。两支水平相近的高水准队伍进行比赛，往往能迸发出最精彩的火花。其原因一方面是强队中明星云集、大牌闪亮，另一方面是高手与高手过招，一来一往，都充满着博弈的乐趣与未知，从而使观众感受到兴奋与刺激。

电子竞技比赛中，如果两支队伍水平差距较大，比赛的激烈程度和精彩程度都会大打折扣，较强队遇到较弱队，在比赛中几乎无法发挥出最强的战斗力，而较弱队由于实力本身就存在差距，在比赛中被处处掣肘，更加无法正常使用战术。因此，从比赛的观赏性角度出发，竞技游戏设计师要尽可能安排水平相近的玩家进行对局。

对参与对局的玩家而言，他们的实际心理波动会复杂许多。一方面，一部分玩家为了不断获得胜利的快感，更希望遇到比自己弱的对手；另一方面，一部分玩家勇于挑战自我，希望不断和高手过招以提高自己的游戏技术，如果能战胜比自己水平高的玩家，他们会获得更加强烈的成就感。因此，我们需要将玩家的胜负期望分成两个方面来剖析并最终予以平衡，以满足各方的需求。竞技游戏设计师还应在更深的需求层面中发现隐藏的设计目标——实力均衡的对抗可给参与者和观看者提供持续不断的成瘾性。

"成瘾性是由随机性产生的"，再简单回顾一下竞技游戏的整个过程，并研究不同实力的对手在不同战斗阶段带给玩家的心理反馈。

	准备战斗	战斗过程	战斗结束
	产生预期	执行策略与思考	获得反馈
比自己强	恐惧	"活受虐"	输：沮丧；赢：巨大的惊喜
比自己弱	轻松或无聊	轻松或无聊	赢：开心；输：强烈的沮丧感
实力接近	对未知结果的期待	对未知结果的期待	赢：开心；输：不服气，再来

▲ 心理反馈

对方实力比自己强很多时，战斗结果可想而知，弱势的一方在过程中面对强势方毫无还手之力，"被压着打"的体验会让玩家感到被羞辱。这种对局的战斗结果往往是一边倒的，弱势方会获得沮丧与受挫感，这样的反馈明显不利于游戏的长期发展。

当对方实力比自己弱很多时，自己处在强势方，击败对手的可能性非常大，因此准备战斗时的心理活动会比较轻松，但一些挑战型性格的玩家会感到无聊。

只有当与自己实力接近的玩家对抗时，战斗结果是无法被预期的，参与者对结果的不确定性充满期待，会在战斗过程中更全神贯注、斗智斗勇。当比赛结果出来时，胜利方由于投入了较大的成本从而获得更强烈的正向反馈，失败方则在"赌徒心理"的作用下非常不甘心想立即开始新一轮的对局。此时不管是胜利方还是失败方，都想立即开始下一局，这就是"不断参与水平相近的对局更易使玩家上瘾"的根本源动力，其本质仍然是由"结果随机性"控制的。

只有先做到尽可能准确评估玩家的竞技水平，才能将实力相近的玩家安排在一起对局，那么具体的量化方式是什么？下文将讲述大名鼎鼎的"ELO 算法"。

6.3.1 ELO 算法

ELO 算法最早是为国际象棋比赛中的各个棋手评定其自身实力所用的一整套积分评定算法。ELO 并不是某几个英文单词的缩写，而是距今约 100 年前美国一位颇有影响力的国际象棋棋手阿巴德·埃洛的名字。埃洛在科学地计算国际象棋棋手级别这一领域中为整个国际象棋界做出了卓越的贡献。

ELO 算法作为一整套评估体系，主要通过两个部分计算。第一部分是根据玩家的既有积分，通过玩家之间的分差计算参与对局的玩家之间的胜率情况；第二部分是通过实际的对局结果，计算选手完成对局后的实际积分增长或降低。这看起来有点难以理解，下面将以通俗易懂的方式展示该算法的实际应用。

🖐 1. 胜率计算

我们总是希望撮合实力更加接近的玩家参与对局，因为只有实力接近的玩家的胜率为50%，是对战斗结果随机性影响最大的概率，宛如硬币的两面。在实际应用中，受到游戏用户量、同时在线的玩家数量等现实情况的影响，我们很难刚好遇到分数相同的玩家，大部分的情况是各种不同积分的玩家在游戏中等待匹配，那么该如何通过积分的差距计算玩家之间的相对准确的胜率预估？这就用到了第一个公式，D 为两名玩家的积分分差。

$$P(D)=\frac{1}{1+10^{\frac{D}{400}}}$$

使用该公式，就能根据玩家之间的分差来进行实际对局结果的胜负预期计算，例如，《炉石传说》中，设 A 玩家（R_a）的积分为 1600 分，B 玩家的积分（R_b）为 1450 分，那么 A、B 玩家相遇，A 玩家的胜率是多少？

根据公式，首先要计算出 A、B 两个玩家的积分分差 D，注意此时计算的是 A 玩家的胜率，所以是站在 A 玩家的角度计算，那么计算分差 D 时，要用 B 玩家的积分减 A 玩家的积分。

$$D=R_a-R_b=1450-1600=-150$$

$$P(-150)=\frac{1}{1+10^{\frac{-150}{400}}}=70.34\%$$

A 玩家面对 B 玩家时，A 玩家的预期胜率为 70.34%，在这场《炉石传说》的对局较量中，A 玩家的胜率高于 B 玩家。这看起来并不符合 50% 的胜率期望，B 玩家输掉本场对局的可能性太大，此时为了让比赛更有趣并保护 B 玩家，则为 B 玩家找到一名 C 玩家，C 玩家的积分（R_c）为 1460 分，此时再来计算 B 玩家面对 C 玩家时的预期胜率。

$$D=R_c-R_b=1460-1450=-10$$

$$P(-10)=\frac{1}{1+10^{\frac{-10}{400}}}=51.44\%$$

B 玩家面对 C 玩家时，B 玩家的预期胜率为 51.44%，胜率已经接近 50%，可以一战。

那么，这些积分又是如何计算出来的呢？

《英雄联盟》或者《星际争霸》等在玩家开始进行排位比赛前，都会有一种叫作"定级赛"的模式，玩家必须先进行定级赛然后才能进入正式的排位赛，让 ELO 算法先为其进行初始分的计算，从而在玩家正式进入排位赛之前，尽可能准确地评估玩家实力。

2. 对局后玩家积分变化

如何计算对局结束后不同玩家的积分的具体变化？继续用《炉石传说》中的 A 玩家和 B 玩家举例。设：

R_a 为 A 玩家的当前积分 1600；

R_b 为 B 玩家的当前积分 1450；

S_a 为实际胜负值，胜 =1，平 =0.5，负 =0；

TIPS

《炉石传说》是没有平局概念的，《英雄联盟》和《王者荣耀》等大部分的对战都是没有平局概念的，但由于种种原因，《皇室战争》允许平局，所以此处笔者讲解的是最广泛的情况。

E_a 为 A 玩家的预估胜率，前文已经计算过，该数值为 70.34%；

E_b 为 B 玩家的预估胜率，前文虽然没有计算，但根据 $E_a+E_b=1$ 的定律，可得 E_b=29.66%；

R'_a 为 A 玩家进行了一场比赛之后的积分

$$R'_a=R_a+K(S_a-E_a)$$

其中 K 值是一个常量系数，在国际象棋比赛的标准中，顶级选手的 K 值为 16，一般选手的 K 值为 32，K 值的大小将直接影响对局结束后参与玩家们积分变化的具体数值，通常情况下，水平越高的 K 值就越小，这样做是为了尽可能通过较少的积分变化结合较多的比赛，尽可能降低随机因素，获得最准确的选手积分。

在这场对局中，假设 A 玩家与 B 玩家都是大师组的玩家，则暂时设 K 值为 32，如果 A 玩家获胜，根据上文的公式得到下列数据。A 玩家获胜时可增加 9 分积分，B 玩家则要扣除 9 分积分。

$$R'_a=R_a+K(S_a+E_a)=1600+32 \times (1-70.34\%) \approx 1609$$

如果是 B 玩家获得胜利，根据上文公式得到下列数据。B 玩家获胜时可增加 22 分积分，A 玩家则要扣除 22 分积分。

$$R'_b=R_b+K(S_b-E_b)=1450+32 \times (1-29.66\%) \approx 1472$$

B 玩家获胜时赢得的积分远远大于 A 玩家，这是因为 B 玩家在该评价系统中明显弱于 A 玩家，因此 B 玩家获胜就要给予更多的积分奖励，符合现实中的常识。

3. 5v5 对战游戏的计算方式

以上，我们了解了 ELO 算法的基本应用，但《炉石传说》是 1v1 的游戏，而《英雄联盟》和《王者荣耀》等 MOBA 游戏，都是 5v5 的游戏，此时又要如何计算呢？笔者将以实际参与开发的 5v5 对战游戏《魔霸英雄》中的计算方式来讲解。

首先，在 5v5 的游戏中，由于允许组队（俗称"开黑"），意味着一个 5 人队可能是由一个 3 人组合加 2 个单人，或一个 2 人组合加 3 个单人等多种组合方式出现的。例如，在《王者荣耀》中，可能是 1 个高分段玩家带 1 个低分段玩家的 2 人开黑匹配，这样的组合中，每个玩家的分差都非常大，所以在《魔霸英雄》中使用了一种叫"匹配单元"的方式来解决这个问题。

匹配单元是指如果是玩家单人匹配，则将这个单人玩家称之为一个匹配单元，如果是多人组队开黑匹配，则这个多人组队开黑匹配的又是另外一个匹配单元。如果想要以积分衡量一个 5 人队，必须先计算每个匹配单元的积分，《魔霸英雄》使用如下公式计算（"Σ"代表数学符号"求和"）。

$$匹配单元积分 = \frac{\sum 每个玩家的匹配积分}{开黑人数} + 开黑人数的修正分$$

开黑一般存在于熟人中，熟人之间的配合度明显强于陌生人之间的配合度。同时，参与开黑的人数越多，匹配单元的实力也就越强，为了让计算的积分更加准确地接近实际情况，《魔霸英雄》引入了"开黑人数对应的修正分"参数，该参数为人为手动调整，可以根据游戏上线后的实际运营情况随时调整。

得到了每个匹配单元的积分后，就可以计算队伍的总积分了，由各个匹配单元根据人数权重计算而得。

$$队伍积分 = \frac{\sum (匹配单元积分 + 匹配单元人数)}{队伍总人数}$$

最终获得了衡量一个匹配队伍积分的方法，这个方法虽然经过了《魔霸英雄》的验证，但笔者在实际观察数据时，仍然要随时对各项参与进行调整，以保证尽可能地让计算无限接近现实中的情况。

当我们获得了队伍积分之后，把队伍看作一个整体，接下来计算"队伍期望胜率"的方法就和前文中介绍 1v1 的计算方式是一样的。当 5v5 的战斗结束以后，又该如何计算队伍中每个玩家获得的积分？与前文中计算 1v1 的方式差不多，《魔霸英雄》中采用如下公式。设：

有队伍 i 和队伍 j，队伍 i 的期望胜率为 E_i；

队伍 i 和 j 的分差为 D_{ij}；

队伍 i 的期望胜率为 $P(D_{ij})$；

实际胜负值为 S_a，胜 =1，平 =0.5，负 =0。

队伍 i 的实际胜率公式如下：

$$P(D_{ij}) = \frac{1}{1+10^{\frac{D_{ij}}{400}}}$$

队伍 i 中的玩家 A 的实际得分如下，注意此处 K 值仍然是玩家 A 所在分段的 K 值。

$$R'_a = R_a + K[S_a - P(D_{ij})]$$

至此，多人模式下的胜率和积分计算公式就已经全部介绍完毕，《魔霸英雄》在使用这套公式的过程中也遇到过很多"坑"，需要不停地调整。而笔者观察到，在《魔霸英雄》

每个玩家的实际游戏情况的过程中，最大的"坑"莫过于 ELO 计算体系中过于冷血的残酷性，此体系虽然可以相对准确地评估玩家积分，但过于严格的评价会让玩家获得巨大的挫折感，导致游戏前期流失玩家，此时如果仍然严格按照 ELO 算法，必然是弊大于利的，那么又该如何降低这种挫折感呢？

6.3.2 如何降低挫折感

在学习 ELO 算法的过程中，我们会明显地感受到"胜者为王，败者为寇"的竞技比赛残酷性。当玩家决定参与对局时，既有获得积分的可能，也有输掉积分的可能。虽然在专业级的竞技比赛中采用这样严格的评分机制是没有问题的，因为专业级的比赛就是为了决出胜负，按照实力排名，但过于残酷的比赛规则不利于中低端玩家持续游戏。鉴于此，一般使用如下 4 种方式解决：设置线性递增的扣分方式，隐藏积分显示使用段位表达，设置不改变排名的休闲比赛模式，以及给挫折临界点的玩家匹配机器人。

1. 隐藏真实积分

既然竞技游戏普遍难以上手，那就需要给玩家充分的过渡时间，让玩家接受时的难度曲线在前期尽可能的平缓，并让玩家感受到被鼓励、被保护。方法之一就是隐藏积分，通过 ELO 算法严格计算出的积分，并不在界面上显示给玩家，只存储在系统后台中，在给玩家匹配对手时，仍然将 ELO 算法计算出的积分作为唯一依据，这样能保证玩家每次匹配时仍然能匹配到实力相近的对手。

但在积分的界面显示上，则采用另外一套显示方式。例如，在《王者荣耀》和《炉石传说》中经常见到的"段位"就是目前最优的表达方式。在段位中，只有胜负变化没有积分变化，留给游戏设计师的操作空间就变大了。例如，《魔霸英雄》中可以设定黄金段位及以下的玩家输掉比赛时不会掉段位，在《炉石传说》中 22 段以下的玩家输掉比赛也不会掉星。这样极大地保护了玩家在游戏前期的积极性。

▲ 《炉石传说》22 段以下不掉分

2. 设置不改变排名的一般匹配

现在很多竞技游戏都会将"排位赛"与"自由匹配"相互独立开来，这样做的原因首先是长期处在排位赛中的玩家会感受到极强的疲劳感，这种疲劳感往往是阻止玩家继续前进的重要阻力；其次是保护那些并不想去参加排位赛的玩家，这部分玩家更希望在游戏中寻找休闲与放松，并没有特别强的排名欲望，并且在大部分情况下，这种相对轻度的玩家占据着游戏玩家人群中更大的比例，所以竞技游戏设计师也要为这样的玩家留出足够的游戏空间。

3. 给挫折临界点的玩家匹配机器人

给玩家在游戏中匹配机器人，这是非常敏感的话题，所有的竞技游戏研发公司都不会轻易承认这一点。但这在大量的竞技游戏中，却又是一个公开的秘密。作为游戏设计师，我们总是希望"俘获"更多的玩家，让他们可以长期地留存在游戏中。

如果使用 ELO 算法为屡次受挫的玩家匹配，玩家仍然有接近 50% 的概率输掉游戏，因此要让玩家在下一局中有较大概率获胜，最好的办法就是派游戏机器人出马。

游戏甚至需要单独开辟"人机模式"，让玩家可以直接自己去选择和不影响实际结果的机器人对战，让玩家先在人机模式中练习一番，更熟悉游戏玩法之后，再去其他模式中和真人对战，这也是通过游戏机器人对玩家的一种保护。

得益于近些年来飞速发展的人工智能，游戏机器人实际上已经可以做到极度的拟人化——至少做到让大部分玩家很难分辨。游戏机器人除了可以帮助连续受挫的玩家找回信心，重新感受到游戏的乐趣之外，还有一个好处是当游戏前期的玩家数量还没有达到一定规模时，可以代替真人烘托游戏人数，减少玩家在匹配中无聊的等待时间，让游戏尽快开始。

6.4 排行榜：留住核心玩家

游戏运营过程中的实际情况虽然是从来不参与排行榜排位的人要占总玩家的很大比例，但游戏内真正的核心玩家却是一款游戏获得关注并获得长期留存的重中之重。想要不断促进并激发游戏内核心玩家前进的驱动力，仍然要依靠积分、段位与排行榜，这是当今所有竞技游戏都必然具备的重要系统功能。

6.4.1 排行榜设计

在前文中我们已经详细地学习了如何通过 ELO 算法计算游戏内的玩家积分，所以最常见也是最简单的排行榜，就是以玩家积分进行降序排列，为每日在游戏内拼杀的玩家们排好座次。例如，《皇室战争》和《守望先锋》等，都是如此计算的。

▲ 《守望先锋》的排位赛排行榜　　▲ 《皇室战争》的全球排行榜

　　排行榜是核心玩家长期留存的一剂良药，但"是药三分毒"，纯积分式排行榜带来的负面效果也非常明显——排行榜的头部位置永远是有限的，99.99%的玩家都无法进入排行榜头部名单，对这些玩家而言，排行榜反而是增加受挫感的工具。因此，竞技游戏设计师反而要思考的是如何降低排行榜的负面效果。

1. 缩小排行榜的取值范围

　　例如，《皇室战争》中除了"全球排行榜"之外，还会设立"本地排行榜"，就是以玩家所在的国家（地区）为取值范围，这样就将一个大排行榜自然地区分成了以国家（地区）为单位的若干个小排行榜。这样的设定，可以让玩家产生多个追求目标，一部分追逐全球排名无望的玩家，会退而求其次，追求所在国家（地区）的排行榜，从而在一定程度上降低实现目标的难度。

▲ 《皇室战争》本地排行榜

　　缩小排行榜取值范围的另外一个方法是设置"好友排行榜"和"战队（公会）内排行榜"，例如，《王者荣耀》中，玩家每次打开游戏，默认的排列就是"好友排行榜"，这是因为绝大部分的玩家认为大范围的第一会距离自己很遥远，而好友排行榜则是距离玩家较近的目标，玩家只需要和自己身边的人比较，就可以获得一定的成就感。这就好比是微信的"微信运动"与"奥运会长跑比赛"的区别。

▲《王者荣耀》好友天梯排行榜　　　　▲ 微信运动排行

如果把好友排行榜比作微信的"朋友圈"，则战队（公会）排行榜就是"微信群"。与组织内的玩家相互比较则是玩家的另外一个小型阶段目标。

综上，通过"好友排行榜"和"战队（公会）排行榜"，可以有效地让玩家获得阶段性的成就感，游戏设计师要让玩家的心理潜意识想着"今天我的排名比朋友的高""我在公会中是前 10 名"——如果做到这一点，游戏就成功了一大半。

在好友和战队（公会）排行榜之外，有些游戏还会将不同阶段的历史排行榜记录并显示出来，这样做的目的仍然是让更多的玩家获得荣誉感，比如一名《守望先锋》玩家在第 4 赛季通过自己的不懈努力爬升到了排行榜前列，而在第 5 赛季时，他却不一定有时间和精力再次爬升天梯，如果因为这样抛弃这名玩家，未免会显得过于残酷，我们仍然要给这样的玩家以炫耀的资本，于是在《守望先锋》的天梯排行榜中，玩家可以查看之前所有赛季的排行榜信息。

▲《守望先锋》前赛季排行榜

2. 对游戏内的其他成就设立排行榜

当你想要设计一款大用户量的竞技游戏时，就一定要先明确一点——并不是所有玩家都愿意并可以参与残酷的纯实力竞争，无论游戏将纯实力竞争的范围缩小到多少，都一定会有倒数几名。所以设置多个不同分类的排行榜是不错的选择。

在《王者荣耀》中，既有纯粹拼综合技术实力的"天梯排行榜"，也有以单一英雄熟练度排序的"大神排行"，更有以皮肤收集数量排序的"皮肤排行"，甚至有以收集英雄数量排序的"英雄排行"等。设置众多排行榜，本质上仍然是为玩家设置众多小目标，满足各种各样玩家在游戏内的需求。

▲《王者荣耀》多类型排行榜

虽然将排行榜缩小范围或拆分成各种类型的方法非常好用，却并非游戏研发伊始就一定要进行的，我们仍然要将游戏的核心玩法研发放在第一位，其他的系统开发都是可以循序渐进开发的辅助性功能。如果你拥有一个出类拔萃并极度耐玩的核心玩法，那么其他的辅助性功能都是往后放的，例如，《绝地求生》这款现象级游戏自 2017 年 3 月开始早期测试至 2017 年年底，长达 8 个月中都没有开发过任何新的系统外围功能，排行榜仍然只有简单的根据游戏分区而设置的综合评分排行（Rating）、胜利评分排行榜（Win Rating）和击杀评分排行榜（Kill Rating）。

▲《绝地求生》的内置排行榜

这个排行榜作为游戏上线大半年以来少数的游戏系统，从理论上讲，根本无法实现满足大量玩家目标的目的，但由于其极强的耐玩性，以至于同时在线数于 2017 年年底突破了 300 万，作为一个拥有 2000 万玩家下载量的游戏而言，在几乎没有外围系统的激励情况下，拥有超过 10% 的同时在线率，已经是非常厉害的数据了。

核心玩法的颠覆式创新，并不是任何年头都会产生的，大部分的游戏都是核心玩法的"微创新"。因此，在核心玩法之外的游戏系统中，一些必备的要素仍然要引起游戏设计师的重视。例如，"段位系统"就已经是现在大部分竞技游戏的"标配"。

6.4.2 段位

在讲述 ELO 算法的章节中，其实已经涉及一些段位的知识。这里又单独将段位作为一个小节，原因是段位在游戏系统中有非常重要的地位。这不仅仅是因为段位是目前大部分电子竞技游戏都会设立的系统，更是因为段位一词远比电子游戏本身更加古老。在围棋领域，很早就已经开始使用"1~9 段位"对当时的围棋棋手分段，棋手们通过参加各种各样的对决，获得段位评定，段位对棋手而言更多的是一种头衔，它代表着实力，更代表着荣誉。

除了围棋之外，很多其他运动也有段位的概念，例如，跆拳道的"分带"规则与电子竞技中的段位更为相似。跆拳道级别一共有 9 段 10 级，其中，黑带分为 1~9 段，在获得黑带以前，修炼者的级别称为"级"，每个级别都有对应的腰带颜色。当跆拳道练习者进阶到黑带之后，就表示该运动员已经经过长期艰苦的训练，而且技术、动作和思想已经十分成熟。15 岁之前考上黑带称为"品"，共 3 品；15 岁以后考上的称为之"段"，共 9 段。

之所以将跆拳道的段位系统描述得如此详细，是因为《英雄联盟》与《王者荣耀》的段位系统与其非常相似。

《王者荣耀》S9 段位系统：排位联赛一共分为 7 个大段位，分别是倔强青铜、秩序白银、荣耀黄金、尊贵铂金、永恒钻石、至尊星耀和最强王者，其中前两个大段位均有 I、II、III 这 3 个小段位，荣耀黄金和尊贵铂金有 4 个小段位，永恒钻石和至尊星耀有 5 个小段位。所有进入最强王者的玩家，将会根据星星数量情况进行全服排名，其中，最强王者中排名前 99 名的玩家，会被系统授予"荣耀王者"的荣誉称号，该称号和排名会在每天的零点进行一次更迭。

同样，还有《守望先锋》的段位系统。不同于《王者荣耀》"攒星星"升段，《守望先锋》采用的是"攒积分"升段。在当前的竞技游戏中，相对较为重度、竞技感较强的，普遍偏向于采用"攒积分"的升段方式，而较为休闲的竞技游戏，则偏向于采用"攒星星"的升段方式。使用"攒星星"升段方式的除了《王者荣耀》之外，还有《球球大作战》和《炉石传说》等，而《皇室战争》则采用的是"攒积分"方式。

▲ 《守望先锋》段位系统

笔者更倾向于"攒星星"的方式，因为此方式可以将玩家的积分彻底隐藏，从而能将挫败感降到最低，玩家无须准确知道自己的 ELO 得分，只需将所有的关注点聚焦在胜负中，获胜即可得 1 星，反之则输掉 1 星，胜与负的得失都是可以预期的。

但要注意的是，当玩家达到《王者荣耀》的"最强王者"段位后，仍然会进入残酷的排行榜与积分系统中，这与《炉石传说》如出一辙。这是因为一款普遍流行的"大用户量竞技游戏"，在设计时必须同时考虑最广泛玩家与最核心玩家双方的感受。核心玩家意味着最了解游戏，最为游戏本身所痴迷，要不断地给他们以挑战，制造更多相关游戏的话题，从而才能提高核心玩家的活跃度，也才有可能通过核心玩家去带动更多的玩家参与到游戏中。

6.5 付费：金钱交易与其他

商业游戏的本质是市场经济下的一种特殊商品，游戏开发者需要情怀与利润兼顾。目前市面上主流的竞技游戏获得收益的方式大概有如下 5 类。

6.5.1 买断制：金钱与体验

所谓买断制游戏，是指玩家如果想获得游戏的完整体验，就必须先缴纳一定的费用。《守望先锋》和《绝地求生》是近些年买断制的代表作品。买断制的付费模式对游戏本身的美术、音效和玩法都有着极高的要求，只有这样才能满足玩家日益增长的刁钻口味。

▲ 《守望先锋》分为畅玩版和年度游戏版

▲ 《守望先锋》年度游戏版的额外内容

6.5.2 时间制：金钱与时间

在处理金钱与时间的关系时，一般用两种方式，一种是直接卖游戏时间，另一种是将需要玩家花费时间才能获得的游戏体验直接标价出售。这听起来有点拗口，下面举例详细介绍。

在直接卖游戏时间的方式中，最常见的是"点卡制"，玩家需要付费购买游戏时间才可以获得游戏体验。《魔兽世界》自 2004 年开服以来一直采用点卡制，这种收费方式要求游戏具备极度丰富的游戏内容，丰富到玩家甚至花费数年时间都无法完全体验游戏的所有内容。只有满足这样的前提条件，点卡制的收费方式才具备可行性。一般情况下，竞技游戏则很少使用，因为竞技游戏更多的是在单一的核心玩法下通过随机和战略获得重复游戏的乐趣，在游戏内容的丰富程度上，是无法与 MMORPG 游戏相提并论的。MMORPG 带给玩家的乐趣更多的是一种"虚拟生活方式"的乐趣，该类游戏更希望的是玩家在设计师打造的虚拟世界中"生活"。

在《魔兽世界》中，点卡付费方式又有小时卡、月卡、季卡和年卡等多种类型。

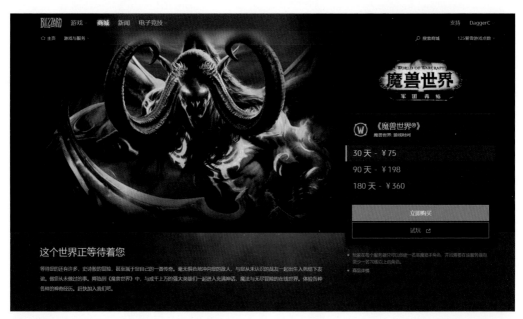

▲ 《魔兽世界》点卡

同样，《魔兽世界》又同时向玩家提供了另外一种以金钱换时间的收费方式，最典型的例子是"角色直升 100 级"，这让原本需要玩家花费巨大时间才能达成的目标，通过付费的方式一口气完成。这样的设计方式，将为那些没有太多时间精力但又想快速体验游戏中最新内容的玩家提供了最快捷简便的通道。

▲ 角色直升 100 级

除此之外，《英雄联盟》和《王者荣耀》等游戏也提供了类似的服务。例如，《英雄联盟》中的英雄获取方式就有两种，一种是游戏内金币兑换，另一种则是现金购买。

以上两种金钱换时间的方式，仍是比较表象的，而更深入的金钱与时间的方式，则是另外一种——通过付费的方式，加快本应花费时间才能获得的产出，最典型的案例是以《皇室战争》为代表的竞技类卡牌游戏。

《皇室战争》是免费下载的集换式卡牌游戏，通过收集并升级每一张卡牌，尽可能地赢得每一场对局，是该游戏的核心体验流程。在 2017 年年底的版本中，《皇室战争》一共拥有 80 张卡牌，这些卡牌根据稀有度分为普通、稀有、史诗和传奇 4 个品类，每个品类卡牌的最高等级也有区分，从 5 级到 13 级不等。

▲ 《皇室战争》内包含 80 张卡牌和 4 种稀有度

玩家希望在战斗中有更多可变战术、更强的战力，那么卡牌的种类和数量就是游戏中的刚性需求，更是稀缺资源。《皇室战争》为玩家提供各种免费获得卡牌的机会，但无一例外都需要玩家花费大量的时间与精力。例如，每次对局结束时有一定概率获得结算宝箱，而宝箱需要玩家等待若干时间后才能开启，玩家如果不想等待，就必须花费一定数量的钻石提前解锁。

类似结算宝箱这样以时间兑换卡牌的渠道还有很多，有玩家曾经计算过，如果玩家希望不花一分钱就获得《皇室战争》中的所有卡牌，至少要十二年的时间——如果玩家不愿意花费这么多时间，就只要花费对应的现金，即可大幅度地加快收集卡牌的速度。

▲《皇室战争》的结算宝箱　　　　▲《皇室战争》中使用钻石开启的宝箱

TIPS

免费玩家辛辛苦苦努力两个月才能获得的卡牌，付费玩家付出金钱即可获得，是不是破坏了游戏的平衡？这还算是竞技游戏吗？

要想回答这个问题，首先我们要理解什么是竞技游戏中的"公平"。笔者认为，竞技游戏的公平性主要体现在以下两点，一是指实力相近的对手，二是在同样的游戏资源下。因此，当《皇室战争》中的付费玩家通过现金获得了巨大的实力提升时，只需要根据其当前的实力，为其匹配实力相近的对手，这同样是公平的竞技。

6.5.3　道具类：金钱与道具

将游戏内的各种道具明码标价地出售给玩家，是当前竞技游戏最常见的付费方式。这种类型的游戏一般会提供两种货币类型，一种是以游戏次数或游戏时间衡量的时间型货币，指玩家只要愿意在游戏付出足够多的时间，就可以赚取的货币；另一种则是直接和现实生活中的现金挂钩的"代金券"型货币。一般情况下，这两种货币并不能直接兑换，但却可以同时用以购买同一种道具。

《英雄联盟》中的经济系统就是这种付费类型的典型代表。层出不穷的新英雄是不断扩展并加深游戏玩法的最重要道具，所以每个英雄都会用两种货币标价，一种是代表游戏时间和游戏次数的"蓝色精萃"，另一种是直接与现金挂钩的"点券"。玩家既可以通过不断地重复游玩赚取"蓝色精萃"，也可以直接支付现金购买"点券"。

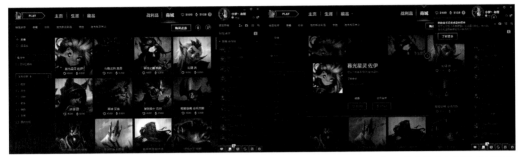

▲ 《英雄联盟》中购买英雄时，每一个英雄会有两种货币标价

6.5.4 收集制：金钱与概率

"扭蛋机"现在在国内的商场中已经随处可见，并受到越来越多的消费者喜爱，甚至"成瘾"。扭蛋机之所以能让消费者上瘾，主要是因为它满足了人们两个心理需求：随机与收集。

▲ 扭蛋

简单介绍一下扭蛋机的玩法。例如，大名鼎鼎的动画《圣斗士星矢》中黄金十二宫一共有12 名黄金圣斗士，把这 12 名黄金圣斗士依据一定的数量比例做成 100 个小型手办，放到扭蛋机中，玩家每次投币后都可以随机获得1 个手办。这就意味着，如果某个玩家想收集齐 12 个小型手办，就必须不停地投币以获得更多的扭蛋。

将随机与收集完美结合的"扭蛋机制"被大量地运用到游戏设计付费模式中，其中最出名的莫过于《炉石传说》的"卡包机制"。

▲ 《炉石传说》的卡包售卖界面

▲ 卡包开启前

▲ 翻开卡牌后

据不完全统计，截至 2017 年年底，《炉石传说》中一共拥有约 1500 张卡牌，玩家几乎只能通过开启卡包获得新卡牌，而每次开启卡包时获得的卡牌都是根据卡牌品质随机产生，已知每开启一次卡包可获得 5 张卡牌，即使卡包不会重复产出卡牌，也仍然需要开启 300 个卡包才能收集齐所有卡牌。《炉石传说》中 60 个卡包售价是 388 元，300 个卡包则需要将近 2000 元——而实际情况是，开启卡包时重复产出的卡牌非常多，想收集齐《炉石传说》中的所有卡牌，消费远远不止 2000 元。

除了《炉石传说》之外，包括《DOTA2》《CS:GO》《绝地求生》在内的多种游戏，也都多多少少地采用了这种机制。

6.5.5 交易制：金钱与交易

在 Steam 游戏平台中有一个叫"市场"的系统，Steam 平台下几乎所有的主流游戏中可被交易的道具都能在市场中找到，并可以直接购买。

▲ Steam 游戏平台中《CS:GO》的道具交易市场

在 Steam 的社区市场中，所有玩家都可以把自己在游戏中获得的道具挂在交易市场等待其他玩家来购买。一个游戏内的道具之所以能产生交易价值，往往都是因为其游戏内有扭蛋机的机制：一部分玩家希望收集到自己心仪的道具，但又对扭蛋机的随机性望而却步，此时最好的方法就是直接从其他玩家手中购买道具。随着想要参与交易的玩家越来越多，以及游戏内的道具越来越多，久而久之，交易市场就应运而生。

想要彻底理解交易市场，首先要明白交易市场中的各个主体，下面笔者以《绝地求生》中的 Pleated Mini-skirt BLACK（俗称小黑裙）为例，详细介绍一下交易系统是如何运转的，以及系统中的各个主体是如何获得自己利益的。

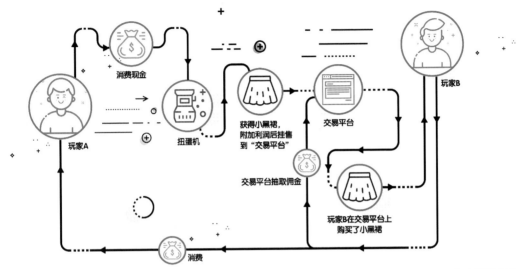

▲ 小黑裙交易

玩家 A 通过消费现金在《绝地求生》扭蛋机中获得了小黑裙，然后将小黑裙以一定的价格挂牌到 Steam 社区市场中，玩家 B 发现并消费现金购买了该条小黑裙，此时 Steam 社区市场会在交易中抽取一定的佣金，然后将剩余的金额转交给玩家 A。《绝地求生》通过扭蛋机出售小黑裙获得了玩家 A 消费的现金，玩家 A 获得了在 Steam 社区市场销售的现金，Steam 社区市场获得了交易佣金，玩家 B 获得了自己想要的小黑裙道具——在这个链条下，所有参与方都获得了自己想要的，这是一个双赢的平台。

6.5.6 任务、成就和活动：规划玩家行为

要想让玩家在游戏中获得不断前进的动力，就要将一个大目标拆分成若干个小目标，让玩家发现只需要不断付出一点小努力，就可以获得各种丰富奖励。目前市场上衡量一款游戏是否成功的重要标准是看次日留存、3 日留存、7 日留存、14 日留存和 30 日留存。所谓留存，是指当玩家第一次打开游戏之后再次打开游戏，如果是第 N 日再次打开游戏，则称为 N 日留存。因此，游戏如何通过某些机制让玩家在后续的每一日都打开游戏，并让玩家形成游玩的习惯，应该成为游戏系统设计师不断思考并实践的重要命题。

大部分游戏都有道具和货币两个系统。玩家在竞技游戏中除了获得胜利的成就感之外，也同时希望获得游戏道具或货币，也正是由于玩家的需求，游戏设计师就可以通过设置道具和货币，吸引玩家持续不断地进行游戏。

了解了上述内容之后，就不难理解《王者荣耀》中无比复杂的任务、成绩和活动系统存在的意义。《王者荣耀》为了规划玩家的短期与长期目标，设计了"七天累计登录""日常活动""成长历程""每日任务"等一系列的任务系统。

▲ 七天累计登陆（录）奖励界面

▲ 日常活动奖励界面

▲ 成长历程界面

▲ 每日任务界面

《王者荣耀》通过这些系统和界面，清晰地为玩家指明了游戏目的。例如，"七天累计登录"可以促使玩家在后续的 7 天每天打开一次游戏，从而促进了 7 日留存；"活跃度系统"，玩家每完成一个每日任务，就会获得一些活跃值，每天只要积累一定的活跃值，就可以分阶段开启不同的宝箱，获得更多的道具。这样的设计增加了玩家每天打开游戏的总时长，同时又在一定程度上增强了玩家次日打开游戏的动力。

成就系统是促进玩家长期留存的手段。成就系统通过对玩家的数据累计，满足了玩家的"囤积"和"荣誉"两个心理诉求。

▲ 《王者荣耀》的成就界面

▲ "人在塔在"的成就详细界面

《王者荣耀》在 2017 年年底的版本中总共设立了 45 个成就，每个成就又分为 3 个小阶段，每个阶段都要依赖玩家反复尝试，甚至需要"天时、地利、人和"才能完成。当玩家完成一个又一个成就之后，除了给玩家以荣耀感之外，又会给玩家"成就积分"作为奖励，越是难以完成的成就，积分的数量也就越高。成就积分的积累会同时带动成就等级的增长，每提升 5 级成就等级，还能获得铭文、皮肤和头像框的奖励。

在竞技游戏品类中，成就系统做得最丰富的恐怕是《星际争霸 II》。

《星际争霸 II》中的成就系统将玩家在游戏中的所有可能获得细节都充分考虑到，并进行了归类总结，玩家在 PvE 和 PvP 内容中的所有细小积累，都会在成就系统中体现，真正地做到了"玩家在游戏中哪怕多么细小的努力都给予正向反馈"。

▲《王者荣耀》的奖杯系统奖励总览界面

▲《星际争霸 II》的成就总览界面

总结

本章以社交、匹配、排位、付费和成长等多个角度，介绍了竞技游戏在核心玩法之外，通过各种各样的外围系统设计让玩家尽可能留在游戏中，充分体验到游戏中的各种乐趣。但我们仍然需要了解，玩家在竞技游戏中的留存，更多的是来自于核心玩法的设计，如果非要归纳出核心与外围分别所占的比例，笔者认为，核心玩法的重要性占据 80% 以上。最直观的例子就是在 2017 年异军突起的现象级游戏《绝地求生》。这款游戏在上市之初几乎没有任何外围系统，但却做到了 2000 万以上的下载量，同时在线峰值高达 300 万人。所以，竞技游戏的外围系统设计，最重要的一个环节就是让玩家可以快速地体验到游戏的核心玩法。

第 7 章

界面设计与交互体验

就好像城市里道路的指示牌一样,界面与交互是游戏系统中各个功能之间穿针引钱的重要桥梁,怎样才能让玩家顺利地到达各个功能点的同时又不会"迷路",这就是本章所要讨论并详细解剖的问题。从功能点梳理,到逻辑层级的划分,再具体到界面中每个部分的布局,都需要设计师的充分思考与设计。

7.1 梳理功能结构

在任意一个地铁站，只需要认真浏览地铁线路图，就可以快速地知道两个站点之间该如何坐车，极少会迷路。如果把线路图上的各个地铁站想象成一个又一个的功能，那么整个线路图就可以称为功能结构图，不管有多少地铁站，抑或是游戏的功能究竟有多复杂，你所要做的，就是确保用户可以在"地铁站"之间自由穿梭，不会出现被困在某个站点内的情况，更高一层的要求是确保线路设计足够科学、高效，确保用户在各个站点之间通行时通勤时间最短。

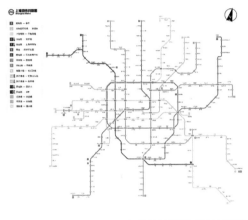
▲ 地铁站的线路图（示意）

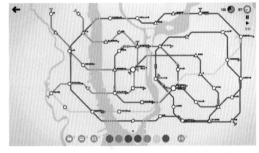
▲《迷你地铁》游戏

上一章介绍了当前竞技游戏中常见的各种外围系统，这些系统往往是由几十个、上百个小功能组成，功能与功能之间又彼此联系、错综复杂。作为游戏设计师，必须要先对这些功能了然于胸，通过梳理功能结构图，站在整个游戏的最高点，俯瞰游戏内的所有功能全貌。

梳理功能结构的工具有很多，笔者更习惯先在草稿纸上编写，这样方便修改，并且不容易被形式所限制，以下将以竞技卡牌游戏《魔霸对决》为案例，带读者们梳理一遍该游戏的功能结构设计。

一款竞技游戏有如下几个大系统，顺手将其列在纸上。根据重要程度，将其依次分为核心战斗、账号系统、商店、社交系统、排行榜和成就，再对每个系统进行拆分。

7.1.1 核心战斗

思路：匹配→规则→卡牌→地图→沟通→结算。

由于竞技游戏是多人在线的对战类游戏，因此，在一个玩家进入战斗之前，必须为其匹配对手和队友，匹配是核心战斗的第一个环节。

匹配到对手和队友后，玩家进入战斗，那么此时所有在战斗内的玩家，将只会遵循同一个游戏规则，否则对战将失去公平、失去意义，于是游戏规则就成为核心战斗的第二个组成部分。

《魔霸对决》是竞技卡牌类对战游戏，因此核心战斗中最重要的单位是卡牌，玩家在游戏规则下通过互相出牌的过程最终决出胜负。此时，卡牌作为核心战斗游戏规则中的重要单位，则是核心战斗的第三个组成部分。

地图同单位一样，也是竞技游戏中不可或缺的重要组成部分，有时甚至是游戏规则的承载与体现，在《魔霸对决》中，我们设计了两种地图，并会在未来设计更多的地图，这就导致在进入开发之前，要同团队沟通清楚，地图与游戏规则是相辅相成的，避免后续想要开发更多地图时要彻底推翻游戏构架而重来。

卡牌游戏虽然是 1v1 的双人竞技游戏，但玩家与玩家之间仍然存在着沟通的需求，正如《炉石传说》的"聊天气泡"和《皇室战争》的"国王表情"，《魔霸对决》中采用了"弹幕"的形式解决了敌对双方的沟通问题。

当玩家通过匹配获得了对手，并在公平的游戏规则下以卡牌为游戏单位，在游戏地图上进行对战，最终产生的结果称之为战斗结算。在战斗结算时，要准确地告知参与战斗的每一方谁赢谁输，并且要详细地表达出获胜方获得的战利品和失败方失去的成本，至此，一个完整的核心战斗流程就大致设计完成了。

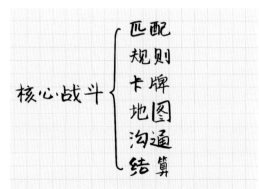

7.1.2 账号系统

思路：用户名→积分 / 段位→货币→国籍→卡牌库。

在开始游戏前，必然需要玩家输入用户名，有的时候是让玩家自己输入，有的时候会由系统随机为玩家提供，如果玩家是使用第三方平台如微信、QQ 或微博登录的，游戏也会直接调用玩家在这些平台上已经创建的用户名。

一旦在游戏中创建好用户名，系统就会同时为其设定好一个积分，即使玩家暂时或永远都看不到这个积分，当玩家一遍又一遍地重复核心战斗后，积分就必然会发生改变。当积分达到某些数量时，就会改变段位，积分和段位的改变，将不断影响着核心战斗中的实际匹配情况。

除了积分和段位之外，玩家在账号系统中关心的另一个重要数据应当就是货币了，一种是现实货币等价物，一种是衡量游戏时间或游戏水平的等价物。在《魔霸对决》中，用钻石表达现实货币，并使用金币作为玩家花费时间和精力在游戏中的常规奖励。

由于越来越多的游戏采用"全球通服"的方式，因此全球的玩家能在同一个环境下对战成了吸引更多玩家加入游戏的亮点要素。在《魔霸对决》中，我们特地为每个国家的玩家都准备了国旗以表示他们的国籍，从而加强了玩家对国家的感受度，增强了战斗时的兴奋度与荣誉感。

卡牌作为《魔霸对决》游戏内最重要的单位，玩家对所有卡牌的收集和组合情况统称为卡牌库。卡牌库中的卡牌可以被收集，可以被升级，也会被组合，由于与核心战斗直接相关，因此卡牌库是玩家在战斗外最常进入的系统，这就意味着我们要在设计 UI 时将卡牌库加以凸显，方便玩家随时查看。

至此，游戏中一个玩家的基础账号系统就基本组成完毕，虽然这并不是全部元素，但这已经足够搭建框架，以便后续添加更多的细节功能。

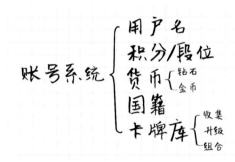

7.1.3 商店

思路：出售宝箱→出售货币→优惠活动。

竞技类卡牌游戏，顾名思义，卡牌将会是游戏中最稀缺的资源，因此如何获得卡牌，也将是吸引玩家付费或投入更多游戏时间的关键。在《魔霸对决》中，采用付费宝箱来体现扭蛋机的机制，并将付费宝箱直接放在商店中出售，用钻石标价，以吸引付费玩家付费。

现实货币需要兑换成虚拟货币才能在游戏中使用。玩家想要开启宝箱，就一定要获得钻石，钻石既然是现实货币等价物，就必然要在商店中展示才能进行销售。金币作为卡牌升级时消耗的货币，也要为那些等不及收集金币的玩家提供直接付费来加快游戏进度的便利，金币同钻石一样，需要在商店中进行销售，玩家可以通过消费钻石兑换金币。

和现实生活中的商店一样，游戏内的商店也需要根据运营的实际情况提供各种优惠与促销活动，刺激玩家消费，并且这已经成为大部分竞技游戏提高营收的重要组成部分。

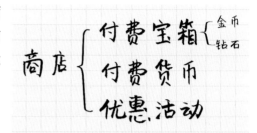

7.1.4 社交系统

思路：好友→公会。

竞技游戏的第二核心就是与社交相关的内容，好友与公会是竞技游戏社交的重要组成部分，把社交系统写在账号系统的旁边。

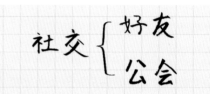

7.1.5 排行榜

思路：好友排行榜→本地排行榜→全球排行榜。

排行榜是玩家在竞技游戏中的重要游戏目标，在"将大目标划分成小目标"的理念中，作为全球通服的竞技游戏，我们不仅要为玩家设立全球排行榜，还要设立缩小范围后的本地排行榜及好友排行榜。排行榜是积分与段位的体现，与账号系统有联系，将其也写在账号系统旁边。

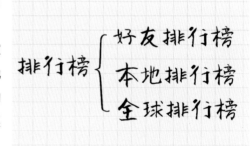

7.1.6 成就

成就与其他相对独立的系统有所不同，成就更像是一个将玩家的所有行为进行统计的积累系统，也因此与其他系统几乎都有着千丝万缕的联系。将其写在草稿纸空白的地方。

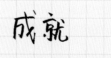

寥寥几步，我们就把一款小型竞技游戏的大致功能模块，及其所构成的若干小部分都梳理了出来，接下来要用线将各个部分之间的关系表达出来。

账号系统下的积分与段位，与玩家每次进行核心战斗前的匹配计算相关。

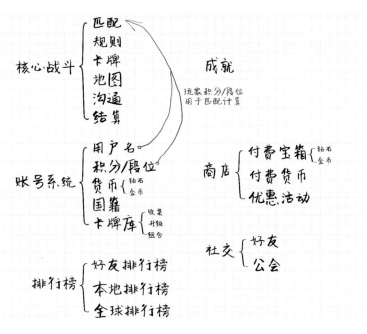

账号系统中的卡牌组合会被玩家带入到核心战斗中。

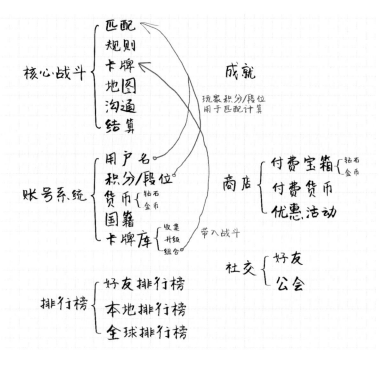

账号系统中的金币可用于卡牌库中的卡牌升级。

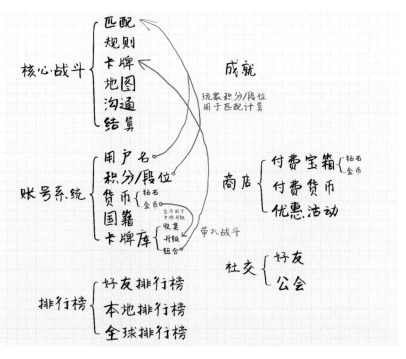

账号系统中的钻石货币用于在商店中购买钻石，同时也用于购买金币，玩家使用现实货币购买的钻石，以及用钻石购买的金币，又会累计在账号中。

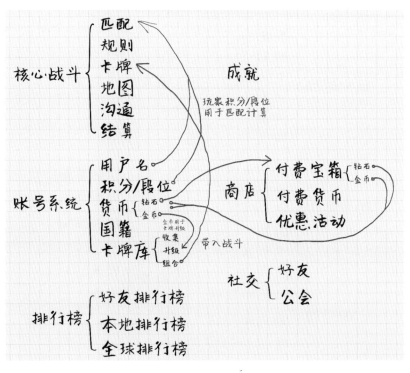

核心战斗中，每次对局结束以后，玩家都有机会获得金币奖励，该金币奖励也会累计入玩家对应的账号系统中。

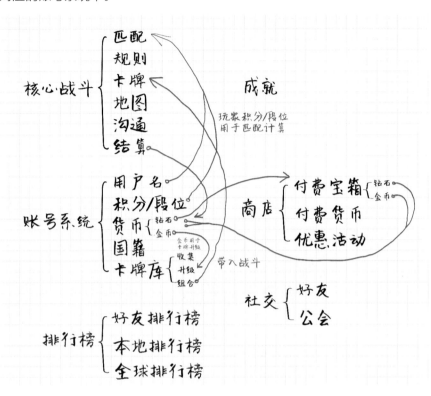

综上，我们就初步获得了《魔霸对决》游戏的功能结构图。当然，还有许多可以连线的地方，由于篇幅有限，此处笔者就不赘述了，读者如果有兴趣，可以自己尝试继续深度思考并连接。笔者只是希望通过这样的方式，给读者提供一个系统化地思考功能的方法，在此过程中要不断思考如下问题。

· 核心玩法的功能模组是否考虑周全？

· 必要的系统，如账号、商店等是否有所缺失？

· 每个模块中的小模组之间的关系是什么？

· 如果要新开辟一个功能模块，是否与核心玩法相关？是否必要？

通过不断地思考以上问题，游戏设计师就可以明确理解设计游戏时最重要的环节是什么，以及提前将"迭代"的思维方式融入游戏的整体设计过程中，我们要一点一点地做加法，每一点都要充分思考，而不是一开始就妄图做一个鸿篇巨制。

使用"思维导图工具"将自己在纸上看似随意手写的功能结构框架，输入电子化的文档中，这会让设计看起来更严谨，同时也利于与团队的其他人员进行沟通与讨论。

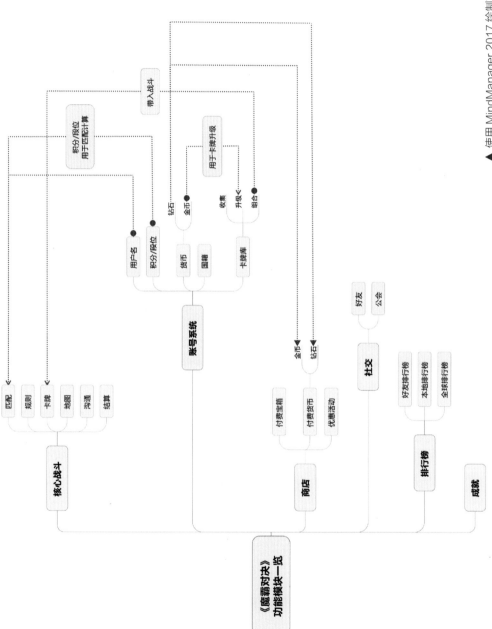

《魔霸对决》功能模块一览

核心战斗
- 匹配
- 规则
- 卡牌
- 地图
- 沟通
- 结算

账号系统
- 用户名
- 积分/段位
- 货币
  - 钻石
  - 金币
- 国籍
- 卡牌库
  - 收集
  - 升级
  - 组合

积分/段位
用于匹配计算

带入战斗

用于卡牌升级

商店
- 付费宝箱
- 付费货币
- 优惠活动

金币
钻石

社交
- 好友
- 公会

排行榜
- 好友排行榜
- 本地排行榜
- 全球排行榜

成就

7.2 绘制流程图

功能的框架图是表达整个产品中各个模块之间关系的最有效的方式，如果要表达每个功能的具体运作方式，就需要绘制流程图，流程图是使用图形表示逻辑或者算法思路的最好方法。

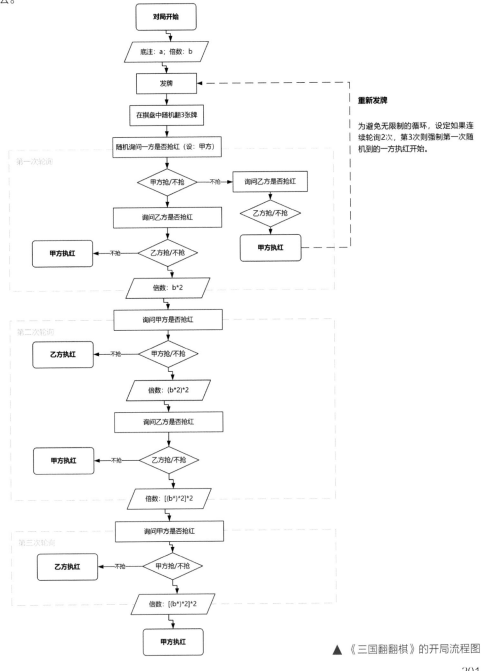

重新发牌

为避免无限制的循环，设定如果连续轮询2次，第3次则强制第一次随机到的一方执红开始。

▲《三国翻翻棋》的开局流程图

201

流程图表达了《三国翻翻棋》游戏开始后，如何判定参与对战的玩家谁执红方，以及在这个过程中触发倍数的条件。绘制这样一张流程图，会节省许多与程序员的沟通成本，如果读者本身就是程序员，则在开发之前最好也绘制一张这样的流程图，以方便厘清自己的开发思路。

	圆角矩形（rounded rectangle）：任务开始或结束
	直角矩形（rectangle）：具体的步骤或者操作节点
	菱形（diamond）：分支或者拥有多个条件时的判断 节点
➝	箭头（directional connector）：将流程图中的各个元素连接起来，箭头方向代表流程方向

一般情况下，游戏设计师只需要掌握这 4 种绘制元素即可。其他更为复杂的诸如"文件""归档""连接"等并不在本书的讨论范围内。对此方面有更深层需求的读者请自行查阅其他相关资料。

7.3 设计游戏界面层级

当我们厘清了游戏内的各项功能之后，团队内的程序员就要开始筹备程序架构，开始各项功能的开发；系统策划开始撰写各个模块的具体功能文档，将每个大功能模块的细节补充完整；还有一项更重要的工作，就是要将所有功能的入口和界面逻辑关系表达清晰，将用户体验流程梳理顺畅。

7.3.1 启动游戏

任何程序类产品，都会遵循开启程序的常规流程，游戏也不例外。一个优良的启动过程需要满足两个要求：启动流程简单和仪式感强。游戏启动过程为：桌面图标→启动画面→检查更新→加载界面。

▲ 桌面图标

打开应用宝（手机应用与游戏下载平台）会发现，游戏的图标非常多，并且大部分是以某个角色的头像为主体。这是因为对桌面图标而言，其要求图标具备极高的可识别性和单击感，玩家无须耗费太多精力，就可在众多的图案中找到游戏。单击感是桌面图标的根本存在意义，实际上就是一个"按钮"，为了更好地体现这一点，美术设计师一般会让图标的主体更饱满、更呼之欲出，以吸引玩家单击。例如，《部落冲突》和《皇室战争》的图标就完美地满足了这两点要求，并被其他游戏厂商争相模仿。

▲《皇室战争》和《部落冲突》的桌面图标

启动画面一般由发行公司和研发团队页面组成。游戏的发行方和研发方往往会是两个公司，例如，《王者荣耀》的发行方是"腾讯游戏"，研发方是"天美工作室群"，所以每当玩家打开《王者荣耀》时，就会依次出现两个页面。

▲ 腾讯和天美工作室群

手机版《我的世界》发行商是网易，研发商 Mojang 被微软收购了，所以又会单独显示微软的页面。

▲ 网易、微软和 Mojang

《皇室战争》在 iOS 上的发行商和研发商都是 Supercell，所以只显示 Supercell 的 Logo。

PC 端和移动端的检查更新方式有所区别。PC 端游戏进行更新时，一般都不需要重新下载一遍完整的游戏，只需要下载玩家电脑中缺失部分的客户端内容即可。移动端则由于引擎、系统平台等多方面的限制，有时必须重新下载一遍整个游戏，因此在移动端上，往往需要进行两次比对。首先比对大版本号是否一致，即是否需要重新前往应用市场下载整个游戏安装包。然后比对小版本号是否一致，一般情况下，小版本号的更新无须重新下载整个游戏，只需要补充添加一些游戏资源即可。

正在为您检查资源包更新　　　　　　　　　　　　　　　　　　　　　　　　0%

▲ 《王者荣耀》的检查更新界面

　　当游戏版本确认并更新完毕之后，在正式进入游戏之前，还要将游戏的主界面及其相关的资源从硬盘加载到内存中，根据游戏资源的数量和大小，过程有长有短，但却是游戏启动的必经之路。

　　由于硬盘和内存物理结构的差异，内存中数据的响应速度远超过硬盘。例如，《王者荣耀》的玩家要在游戏中打开英雄展示界面，则界面中所有的英雄模型、贴图、动作和声音，都要先从硬盘加载入内存后，才能在玩家不停地切换英雄时，带来几乎无缝衔接的快速体验。如果不预加载到内存，所有素材都是临时从硬盘中调用，就会造成用户每进行一次操作，画面的反应总是会慢一拍，这是非常糟糕的用户体验。也是内存作为 PC 和手机的重要硬件所存在的意义。

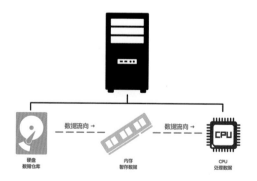

▲ 硬盘与内存的关系

　　不同游戏加载界面的表现方式也是多种多样的，但界面中大致的组成元素却是万变不离其宗，其核心就是可以明确告诉用户加载的进度。

▲ 《王者荣耀》的加载界面

7.3.2 主界面

　　界面线框图能以最低的成本规划界面布局和交互流程，为与界面视觉设计师和界面程序员的沟通建立最初期的桥梁。绘制线框图的工具非常多，为了提高效率，最常用的线框图设计软件是 Axure RP。Axure RP 是一个专业的快速原型设计工具，让负责定义需求和规格，以及设计功能和界面的专家能够快速创建应用软件或 Web 网站的线框图、流程图、原型和规格说明文档。

▲ Axure RP

Axure RP 可以用来做一些原型图、线框图和高保真还原图，还可以实现出静态 HTML，不需要写代码，用鼠标直接把组件从元件栏中拖出来，放在相应的位置上就可以实现页面跳转功能。在一个项目初期，用 Axure 做出原型后生成 HTML 高保真原型，页面就是简单的产品原型。

竞技游戏与其他类型的游戏相比，有诸多不同，最明显的特征是，玩家热衷于某款竞技游戏，狂热地追求核心战斗的体验是玩家的主要目的，其他的外围系统固然重要，但也只是陪衬。《王者荣耀》的主界面中，4 个核心战斗的入口几乎占据了主界面的绝大部分，其余的外围系统，不管多么重要，都被挤到了界面边上。

▲ 《王者荣耀》主界面

《球球大作战》的主界面，"开始比赛"的按钮处在屏幕正中间，玩家启动游戏后几乎不用思考，就知道单击"开始比赛"进入战斗。《炉石传说》中一共有 3 个战斗模式，同样，也是在玩家进入游戏打开主界面最显眼的位置上。

▲《球球大作战》主界面　　　　　　　　▲《炉石传说》主界面

7.3.3 选择战斗模式

与玩家的口味一样，同样的核心玩法下的战斗模式也是多种多样的，因此我们要为玩家准备好进入这些战斗模式的入口，以确保爱好不同玩法的玩家可以快速找到入口并进入战斗。因此在大部分的竞技游戏中，不同战斗模式的入口会按照玩家进入频次从高到低排列，很少有战斗模式的入口是按照进入频次从低到高排列的。接下来，逐个了解常见的手机竞技游戏类型在选择战斗模式时的布局。

MOBA 游戏一般拥有 3 个战斗类型：匹配模式、排位模式和娱乐模式。在不同的模式下，又会有若干张不同的战斗地图。首先要厘清战斗模式和地图之间的层级关系，以《王者荣耀》为例，了解在 MOBA 手游中战斗模式和地图之间的层级关系。

为了让不同类型的玩家可以快速进入对应的战斗模式，《王者荣耀》的对战模式、排位赛、微赛事和冒险模式 4 大战斗模式入口在主界面占据了 80% 以上的面积，现在一一点开这些入口，看看第二层级都包含了什么。

此处我们就会发现研发团队的小心思，因为实际上"对战模式"是一个很笼统的称呼，而排位赛本身就应该是对战模式的一部分，排外赛机制在竞技游戏中又是对提升核心玩家留存最好的核心体系，所以直接将排位赛入口置于主界面正中心的位置，虽然在层级上略有混乱，但方便了核心玩家。

对战模式中包含了实战对抗、娱乐模式、五军对决、人机练习和开房间入口，作为二级界面，此处承载的功能略显臃肿，作为一款日活超过 5000 万的游戏来说，为了满足不同玩家的喜好，或许暂时也只能这样。即使如此，《王者荣耀》仍然按照玩家的使用频次，对不同的入口进行了排列，同时改变其大小，让玩家最常用的"实战对抗"入口更加凸显。

点开入口之后，来到地图选择界面。根据地图的类型不同，王者荣耀的实战对抗一共包含了 5v5 的王者峡谷、5v5 的深渊大乱斗、3v3 的长平攻防战和 1v1 的墨家机关道地图模式——仍然是按照玩家使用频次从高到低、从左到右排列。那么，为什么要始终保持这样的排列方式呢？这是为了让玩家熟悉界面布局之后，不需要仔细观看每个入口的文字，仅凭借位置记忆即可通过多次单击快速进入战斗，用户对空间的记忆联想是高于文字和色彩的。

▲ 对战模式

▲ 地图选择界面

在娱乐模式及其他模式的子菜单中，都是提示让玩家选择地图，此处不一一赘述。读者需要通过《王者荣耀》战斗模式的界面层级和入口位置摆放掌握以下 3 个要点。

· 玩家习惯＞战斗模式＞地图选择

· 将玩家高频使用的战斗入口通过位置和面积尽可能地凸显

· 人的空间记忆＞色彩记忆＞文字记忆

MOBA 的战斗模式是竞技手游中层级相对较为复杂的，读者可以用前文所述的逻辑，尝试梳理一下竞技卡牌或者其他休闲竞技游戏战斗模式的界面设计，锻炼自己举一反三的能力。

7.4 战斗界面信息布局与规划

选择完战斗模式之后，来到战斗内界面。战斗内界面在某些研发团队内又被称为 HUD（head up display），该称呼来源于航空器上的飞行辅助仪器，飞行员不需要低头就可以看到他所需要的重要资讯。

笔者认为，战斗内界面并不能完全与 HUD 画等号，HUD 甚至应该被包含在战斗内界面的范畴中。竞技游戏的战斗界面分为信息显示部分和交互部分。仍然以《王者荣耀》为例，介绍在 MOBA 手游中是如何具体设计战斗内界面的。

▲ 驾驶舱内的信息显示图

▲ 《王者荣耀》战斗内界面

通过观察，大致将《王者荣耀》的战斗界面划分成 5 个区域：单位移动控制区域、单位普攻和技能操作区域、HUD 区域、战斗内交流区域和其他小功能区域。

7.4.1 单位移动控制区域

《王者荣耀》采用的是摇杆控制单位移动，这也是游戏中玩家操作最为频繁的功能，在一场战斗中，玩家可能会一直在操作单位移动，同时英雄的走位往往又会对战斗结果产生决定性影响，因此移动摇杆所占的面积几乎是屏幕的 1/4。

7.4.2 单位普攻 / 技能操作区域

与 PC 端的 MOBA 游戏体验不同，移动端的 MOBA 需要玩家单击普攻按钮才能对目标进行攻击，而普攻是没有冷却时间的，这意味着玩家可以随时单击普攻按钮，因此普攻按钮的操作频率仅次于移动摇杆，所以普攻按钮占据的面积是第二大的。

技能围绕在普攻按钮周围呈扇形排列，回城、恢复及召唤师技能排列在屏幕下方，紧挨着技能栏，方便玩家在需要时快速找到图标进行施放。

7.4.3 HUD 区域

MOBA 游戏的核心战斗是 10 名玩家的对战，一场战斗中经常会同时有 50 个以上的单位产生信息，因此 MOBA 游戏的战斗信息类型要多于其他竞技游戏，也许仅次于 RTS 游戏。

在《王者荣耀》的战斗界面中，HUD 会包含如下信息。

· 小地图，用以实时显示地图内的某些单位分布情况。

· 双方击杀数字，用以让玩家大致了解己方与对方的局势对比。

· 自己的击杀、死亡和助攻次数。

· 手机电量、网络状态、画面帧数和战斗持续时间。

· 队友的血量状态、己方和敌方的生存及复活状态。

玩家通过 HUD 上的这些时刻刷新的信息，可以快速了解到游戏当前的局势状态，从而为自己的行为提供判断依据。

7.4.4 战斗内交流区域

MOBA 游戏的战斗内交流根据表意的复杂程度，分为以下 4 个层次。

· 集火、防御和注意是玩家在对战中高频使用的，使用图标直接表达在界面的右上角，并且是一个图标占据一个位置，这表明游戏设计师对于玩家高频使用的区域，绝不会吝啬面积。

· 如果发送信号无法满足玩家的表达含义，则预设若干玩家低频用到的短句，让玩家可以直接选择，这些短句被隐藏在按钮中，层级低于信号发送。

·如果内置的语句仍然无法满足表达所需，则提供给玩家打字的模式，这个隐藏的层级就更深——甚至游戏设计师并不希望玩家经常用到。

·最后，提供语音功能，满足玩家之间时刻需要保持沟通的需求。

MOBA 游戏虽然是竞技游戏，但在平常的"路人局"中，实际情况往往是套路化的沟通模式，因此基本的信号已经满足了大部分玩家的沟通需求。其余的文字信息，经常是供给玩家"情绪发泄"的通道——这其实非常影响游戏中其他玩家的体验。

7.4.5 其他小功能

其他还有一些诸如设置、查看局内玩家信息、查看英雄属性和技能介绍等小功能，这些功能的入口都尽可能地隐藏在界面不起眼的位置。在设计这类功能的界面时，要遵照既不碍眼又随时可以找到的规则，玩家虽然不会高频使用，但一旦想要使用，也能随时让玩家快速定位，只要能做到这一点，也就完成功能界面布局的设计目的了。

7.5 战斗内的各种提示

本书在前面的章节中，着重表达过反馈机制在游戏中的重要性，而战斗中各种各样的提示，在反馈机制中就起到最直接、最举足轻重的作用。

在《王者荣耀》的战斗过程中，可以将这些提示分为以下若干种类型。

·单位状态型提示

对自己控制单位的状态保持 100% 的跟进，是玩家在战斗中最关心的事情。这个类型的提示有很多，例如，各种属性发生改变时，会有不同颜色的数字和文字在角色周围跳动，又或者是某个技能还有多久才能冷却完成，以及血条和蓝条等。

此类型的提示由于出现得特别频繁，因此要求简练，不会过于影响玩家关注其他信息。而此类型的某些信息往往还能给玩家带来正向反馈，最著名的例子莫过于攻击时的数字，这在《暗黑破坏神》等 ARPG 游戏中尤为显眼，甚至成了玩家在游戏中获得打击感反馈之外的另一种更爽快的反馈。这一点在 MOBA 游戏中弱化了许多，不过当在发生团战时，不断跳动的数字仍然能给玩家带来一种莫名的兴奋感。

·战斗进展型提示

"敌人还有 30 秒到达战场"，这个来源于 MOBA 游戏的提示信息已经被广泛应用于各种其他娱乐形式中，这就是典型的战斗进展型提示。该类型的提示主要作用是尽可能让玩家清晰地知道战斗进展，例如，知道野怪什么时间刷新，双方的防御塔是否受到攻击等对局势进展有一定影响的事件。由于有时玩家在战斗中注意力过于集中，因此在 MOBA 游戏中该类提示一般都在屏幕的正中央，甚至大部分都会安排配音，以烘托战斗气氛。

· 过程总结型提示

当玩家对自己控制的单位可以时刻保持关注，战斗进行中的各项关键进展也会让玩家尽可能保持关注，那么玩家对于战斗内的各种信息已经通过提示了解得一清二楚，但这只满足了玩家的基本需求，对于反馈我们还需要挖掘得更深，这就衍生了自《英雄联盟》到《王者荣耀》都非常著名的 first blood（首杀）、double kill（双杀）和 penta kill（五杀）等提示。

这种提示实际对战斗的逻辑过程并不会起到特别大的作用，但对玩家的心理却会造成巨大的影响力。优势方的玩家在战斗中的快感往往来自于这些反馈，例如，当玩家获得五杀时，不仅其他所有玩家的界面正中央都会弹出一个特别夸张的五杀特效，甚至还会有嘹亮的嗓音发出 Penta Kill 的语音提示，在某些对局中，获得这种提示会比赢得战斗还令玩家感到兴奋。

游戏，是通过让人们可以获得比现实中更快速的反馈而存在的娱乐化工具，战斗时对玩家的各种行为进行正面或者负面的反馈，是游戏设计师一定要花费大量精力去做的工作，如果你设计的核心玩法中能把这一点真正做好，你的游戏往往也就离成功不远了。

此处再举另外一个面向更广泛用户的例子——《欢乐斗地主》，它在这个细节上做得更为细腻。传统的斗地主类型的游戏，不管玩家进行怎样的操作，都是干巴巴的，玩家只能享受逻辑上的乐趣，但在《欢乐斗地主》中，只要玩家打出一定的操作，例如，顺子、飞机或者炸弹，游戏画面都会给出超越大部分玩家预期的视觉和听觉表现，这些小提示让原本相对枯燥的对局过程变得热闹起来。

▲《欢乐斗地主》

7.6 战斗结算界面

笔者之所以热衷于研发竞技游戏这个品类，正是因为竞技游戏是需要多人博弈的，是体现顽强拼搏、团结互助等正能量品质的最佳舞台。既然竞技游戏是多人博弈的游戏，最终的冠军就只能有一个，当人们在竞技游戏中面对失败时，肯定会有沮丧、会有失落，但大部分的参与者并不会因此而放弃，他们会选择收拾心情，分析问题，查缺补漏，然后再来一局，直到获得胜利，这才是竞技游戏的最大魅力。

因此，当一局战斗结束之后，我们要尽可能详细地为玩家提供一系列总结和反馈。

·如果战斗失败了，那么战斗结算时，要清晰地告诉玩家竞技上一局到底什么地方出了问题，让玩家一目了然地整理和分析，从而知道如何在下一局中避免这些错误。

·不仅要告诉玩家己方的数据，还要向玩家展示博弈中其他参与方的数据，让玩家可以知道对方哪里做得好，哪里做得不好，向对手学习，是核心玩家提高自己竞技水平的最快途径之一。

·赢了，要给玩家奖励，输了，要给玩家惩罚，这样才能让游戏更逼真地模拟玩家们在现实社会中的情感，从而调动情绪。

·战斗结束后，一些"小鼓励"也是必不可少的，要让玩家知道自己在游戏中付出了多少努力，又获得了多少成就，即使输了，也能或多或少得到一些安慰。

·竞技游戏由于其特殊性，极易产生明星，因此竞技游戏会给所有参与者都提供成为明星的机会——哪怕只是自己朋友圈中的"一时之星"，要给玩家可以炫耀自己战果的机会。

《王者荣耀》中不管战斗是胜利还是失败，都有酷炫的提示动画以及一系列非常详尽的数据分析。

▲ 成功和失败

▲ 针对己方团队和对方团队的数据分析和评价

即使是失败方，也会评选MVP，并告诉玩家队伍中击杀最多、输出最高等一系列小荣誉的获得者。

在《守望先锋》中，MVP被替换成了"全场最佳"，并加上了酷炫的英雄展示动作以示强调，更容易促使玩家分享到朋友圈。

▲ MVP

有些时候，战斗结算界面中一个四两拨千斤的设计能改变一切，例如 2017 年火遍全国的"大吉大利，晚上吃鸡"。由于对于一般玩家而言，在《绝地求生》中生存到最后一刻是非常困难的事情，因此有一段时间，朋友圈和 QQ 群中到处都是"吃鸡"后的炫耀性截图，这不仅满足了玩家的炫耀心理，更吸引了大批的新增玩家。

▲ 全场最佳

不仅是大型游戏，即使是一款小游戏，也要把战斗结算界面做到精益求精。例如，《欢乐斗地主》中，当玩家在对局中获得高倍数奖励时，便会单独弹出界面给玩家，鼓励玩家向朋友们炫耀；在连胜后也会弹出截图，鼓励玩家分享到朋友圈，其右下角的下载二维码，又可以给游戏带来新增玩家，一举两得。

▲《绝地求生》最后吃到鸡后

▲《欢乐斗地主》连胜后会弹出截图

7.7 任务与成就界面

在本书前面的章节中，介绍过"积累"带给玩家的正向反馈，当游戏的核心玩法获得玩家的认可后，要鼓励玩家在游戏中继续前进，任务和成就就是必不可少的主要推动力。

游戏设计师要通过任务和成就界面带给玩家"成长感"，并要清晰地告诉玩家怎样才能实现一个个小目标，继而实现更大的目标。

例如，《王者荣耀》中的任务界面，多使用"变种进度条"的形式表达。将召唤师等级提升的过程直接做成了类似"推图关卡"一样的表达形式，甚至直接用"成长历程"作为标签页的命名。

为了鼓励玩家在一天中多多进行游戏，《王者荣耀》设置了"活跃度"概念，并且将达到不同的活跃度可以开启的宝箱直接通过变种进度条的形式罗列在界面上，这使得一些"强迫症"玩家每天都要打开所有箱子才觉得"安心"。

▲ 等级提升

▲ 开启宝箱

即使是领取金币这样的小细节，也通过进度条做出形象化的表达，这样更容易促使玩家积极地完成游戏内的各项任务。《欢乐斗地主》更是如此，所有任务都是以进度条的形式表达。

▲ 进度条的表达形式

在某些不需要特别频繁操作的核心战斗中，任务入口甚至被放在了战斗界面上，玩家不需要一层层地返回主界面，再进入任务界面，就可以直接一边战斗一边查看并领取任务奖励。在《欢乐斗地主》的对战中，任务入口以按钮的形式一直浮在界面的最右侧，虽然这样的摆放有点突兀，但对玩家而言却十分方便。

▲《欢乐斗地主》界面

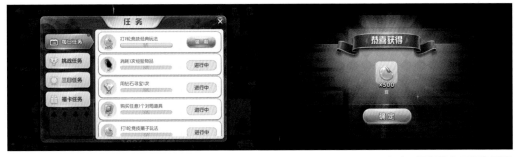

▲ 在对局间隙打开任务面板

如果说功能是砖块，那么界面就是骨架，负责将整个游戏内大大小小的功能点串连起来，方便玩家使用。本书在界面章节中主要讲述了功能点梳理、操作流程规划和界面细节点的设计，既可以让读者站在更高的层面思考游戏的用户体验流程，还可以促使读者尽可能多地关注人性，以方便玩家、鼓励玩家为目的添加更多的设计亮点。在后续的章节中，本书将带领读者进入多彩绚丽的游戏视觉设计领域，了解竞技游戏中一个又一个活灵活现的角色和美轮美奂的场景，是如何一步一步从无到有诞生的，又是如何通过游戏引擎传递到每一名玩家眼前的。

第**8**章

游戏文案与视觉设计

虽然游戏文案和视觉设计不是本书的核心内容，
但却是竞技游戏不可或缺的组成部分。本章将大致介
绍故事的写作方式，并罗列市面上常见的视觉风格，
介绍 2D 角色和 3D 角色的制作方法，供读者掌握与
专业视觉设计师沟通的"设计语言"。

8.1 游戏文案写作

前面的章节基本都围绕着游戏的核心玩法和系统功能展开讨论。核心玩法的打造无疑是竞技游戏设计与研发最重要的环节，但如果只有核心玩法，往往会有较大的局限性，因此，我们要对游戏做出各种各样的包装，将原本单薄的玩法打磨成有血有肉的、具备商业化可能的娱乐产品。

大部分竞技游戏本身都是有丰富的背景故事作为依托的，编写一个主旨清晰、内容丰富的背景故事，将为游戏设计师在设计角色外形、技能和台词时指明方向，并且可以为游戏未来的 IP 化提供坚实的基础。

IP 在如今的商业社会中，所代表的有时是一种"抽象的认知"，有时又是一种"特定情感的共鸣"。最著名的 IP 莫过于迪士尼旗下各种各样的卡通形象，例如米老鼠和唐老鸭等。它们都是虚构出来的形象，作者为它们创造故事、绘制形象，并由它们演绎一个又一个曲折动人的离奇故事，打动全世界的观众。由于迪士尼在此领域丰富的经验、雄厚的资本，再加上精良的后期制作与包装这些原本架空于现实世界的角色早已家喻户晓，由此衍生出的各种各样的产品在设定较高定价的同时，还能获得较好的销量。

▲ 迪士尼乐园

美国著名漫画发行商漫威（Marvel Comics）耗费十余年、花费数十亿美元悉心打造了一个漫威世界，原本这些漫画角色只在美国本土流行，但经过漫威电影部门的努力，哪怕没有主动接触过这些的人也都多多少少听说过蜘蛛侠与钢铁侠。漫威为其拍摄的每一部电影，都可以在全球获得数亿美元的票房回报。此外，获得授权的游戏也可以立即在全球获得巨大的下载量。

打造 IP 是不是写一个引人入胜的故事就可以了？其实没有那么简单。因为打造 IP 不光需要一个好故事，还需要其他的商业化运作，但好故事确实是最基础的条件。例如，获得科幻小说领域最高奖项"雨果奖"的《三体》就是一个好故事。在科幻电影大师乔治·卢卡斯及迪士尼长达四十余年的努力下，《星球大战》早已成为了全球级的 IP，围绕其开发的一系列周边产品数不胜数。在这个层面上，国内 IP 开发者仍然需要努力。

8.1.1 构建世界观

回到游戏领域，我们可以选择已经较为知名的 IP 进行游戏化的二次创作，这样风险较低，但购买 IP 的成本也在这几年增长得越来越高。也可以尝试着撰写故事为自己的游戏所用，那么撰写游戏的背景故事最重要的是什么？开始编写任何故事之前，最先要做的就是思考故事的"世界观"。

世界观可以逐渐完善，但绝对不能没有世界观。

在 IP 的范畴讨论世界观，是指故事发生在什么样的世界中，对故事所发生的世界进行描述。

例如，大家耳熟能详的《三国演义》，其作为通俗小说，开篇就讲述了世界观："话说天下大势，分久必合，合久必分。周末七国分争，并入于秦。及秦灭之后，楚、汉分争，又并入于汉。汉朝自高祖斩白蛇而起义，一统天下，后来光武中兴，传至献帝，遂分为三国。推其致乱之由，殆始于桓、灵二帝。桓帝禁锢善类，崇信宦官。及桓帝崩，灵帝即位，大将军窦武、太傅陈蕃，共相辅佐。时有宦官曹节弄权，窦武、陈蕃谋诛之，机事不密，反为所害，中涓自此愈横。"

开篇就非常简练地介绍了故事发生的起始时间——汉朝灵帝即位之后，又介绍了故事发生时的社会环境——宦官当政，并通过"天下大势，分久必合，合久必分"隐喻了故事接下来的走向——汉朝也面临着分裂。接下来在第 2 段的结尾，罗贯中一言以蔽之，正式引出了故事发生的缘由："朝政日非，以致天下人心思乱，盗贼蜂起。"简短的 16 个字，就把读者带入了故事的气氛中。后人对此再次总结为更简短的 16 个字："东汉末年，天下大乱，群雄并起，逐鹿中原。"交代了故事发生的时间——东汉末年，交代了故事发生时的社会环境——天下大乱，交代了故事里的主要人物——群雄，甚至交代了这些人物要做什么——逐鹿中原。这就已经是一个完整的世界观了。

市面上基于三国的游戏数不胜数，但只要用到三国的题材，就无法跳出罗贯中设定的世界观。所以回顾前文所说的世界观基本构成，再对比作文四要素，会发现多了一项重要的要素——社会环境，这是因为人是社会化的群居动物，人在社会中扮演的角色不仅是由自己的主观意志控制，还会受到社会环境的影响。

《魔兽争霸》与《魔兽世界》共用一个背景故事，所以世界观也是相同的。在《魔兽争霸》中，整个世界被分为 4 个主要的势力，分别为人族、兽族、不死族和精灵族，他们在一个由魔法和机械组成的世界中为了各自的目的相互斗争，这才引出了玩家在游戏中选择种族进行对抗的根本动机。如果没有这个世界观，这些种族就不会存在，种族之间斗争的意义也就荡然无存。作为暴雪公司最为重要的资产之一，魔兽的故事在暴雪的运作下已经衍生出了各种各样的游戏产品，甚至还制作了电影发行。

另一家新型的游戏 IP 巨头"拳头公司"，也就是《英雄联盟》的游戏开发商，在 2016 年重新整理并发布了《英雄联盟》的"宇宙"，丰富了游戏中上百个英雄的故事，并填补了许多曾经在背景故事中空缺的部分。

▲《魔兽世界》电影　　　　　　　　　▲《英雄联盟》的角色故事

实际上，我们并不需要一开始就把世界观编写得非常详细，只需要进行较为概括的描述，能指导我们设计游戏内容即可，例如，笔者在 2016 年为正在构思并设计的新竞技游戏《三界》撰写世界观时，就只是大致讲述了时代背景和社会环境，这就已经足够进行游戏的内容设计了。

星界的来历

2015 年之后，人类在人工智能（AI）的研发中产生了突飞猛进的发展，最具有代表性的一件事就是 Google 研发的 AlphaGo 机器人在围棋上战胜了当时人类第一的围棋手。虽然只是赢了几盘，但这毕竟仍然是初级 AI，而人类大脑中与生俱来的情感思维能力，始终是 AI 发展的一大障碍。直到 2016 年，一群疯狂的科学家发现了解决这个问题的终极方案，就是从核心芯片下手，传统的芯片是通过矩阵排列无数个二极管，如果把这些二极管替换成脑细胞，那会是怎样的呢？这些疯狂的科学家从提出假设到第一个成品完工，用了一年的时间，第一代样机"S 型人脑矩阵"的情感计算能力就达到了一个 4 岁小孩的水平，这个 AI 有喜怒哀乐等情感，这在当时轰动了全球。

更恐怖的是，这些科学家发现，如果仅仅只用脑细胞去做原始单元，AI 在情感计算的能力上仍然十分有限，充其量也就是"个人水平"，想要将其产品化甚至规模化，需要更大胆的行动。于是，这群疯狂的科学家，竟然打算直接使用活生生的大脑做计算单元。

然而正当这些疯狂的科学家想更深度地研发时，地球的另一边，另外一群疯子，竟然把原本存在于另外一个时空的众神召唤到了地球，给地球带来巨大的动荡与灾难，使这些科学家被迫终止了自己的研发。在那年（2017年）之后，人类意识到要与一个强大自己数倍的敌人展开旷日持久的战争，也更加意识到，如果最后的战争是人类输了，那很有可能是人类文明的彻底倒退，甚至是毁灭。因此，航空航天科学家们及宇宙飞船工厂拼命加班，在两年的时间里造出了100多艘星际飞船，准备把地球上最优秀的一批科学家送往无尽的星空，寻找下一个类似地球的人类栖息地。这是残酷的选择，但也是防患于未然。这群人类科学家里，就包含了那群制造人脑矩阵的疯狂科学家，因为他们虽然疯狂，却代表了人类在人工智能方面最先进的科学水平。与此同时，人类也幻想着这些科学家也许有朝一日可以找到战胜众神的办法，从而回到地球，重新在地球上建立人类的辉煌文明。

整整100多艘星际飞船，通过合理并且周密的安排，一共有超过81艘顺利地冲出了神界的包围，逃离了地球。这81艘飞船本来的目的地是开普勒452b行星，这是人类所发现的最像地球的行星。然而谁能想到，还没飞出太阳系，这些飞船就误入了一个虫洞，被传送到了另外一个时空。

这个时空中的十年才约等于地球的一年，这群孤独的人类星空旅行者在这个时空中又漂泊了整整三个地球年（也就是新时空的三十年），才发现了一个"类地球"的星球。本来以为自己永远无法再次离开飞船的他们欢欣鼓舞，并将这个星球命名为HEAVEN，就是港湾的意思，因为这些科学家认为在这里只是暂时停泊，早晚有一天会重回地球，地球才是人类真正的家园。

科学家在港湾星球上，利用自己带去的人类知识和港湾的所有资源，拼了命地发展科技，一代又一代的港湾科学家在科学的发展上前赴后继，港湾的科技水平获得了空前的提高。特别是人工智能方面，当年从地球带过去的活体大脑计算美元，不仅得到了完美的保存，还得到了巨大的优化与提升，结合不断改进的算法与排布方式，形成了强大的思考能力，单纯的计算能力已经毋庸置疑，最厉害的是已经拥有了相当惊人的"情感"能力。

然而正当这一代又一代科学家在科学水平上拥有了长足发展的时候，他们却渐渐对地球感到陌生。老一代的科学家们已经相继离去，新一代出生在港湾的科学家们认为港湾才是家园。一百多年过去了，地球才刚刚进入2027年，而港湾却已经更迭了三代人。第三代在港湾出生的人类，已经完全不认同自己的地球人身份，地球人对于他们来说，反而成了外星人。

星界反攻地球

随着上百年爆炸式的科技发展，港湾的人越来越觉得人口过少才是他们发展的阻力，由于人口过少，导致大量的基础设施没有人去完成。虽然机器人可以帮很多忙，但是机器人并不能自动生产机器人，开矿、冶金等人类最原始的行为，没有任何科学家想去做。与此同时，一帮"鹰派科学家"认为，让那些相对他们来说智商普遍偏低的人类占据地球资源，是一件非常没有效率的事情，他们完全可以利用地球与港湾的时间差，更加快速地发展科技。于是，港湾议会很快就达成了"解放地球"的共识，派出了一支港湾史上最强的舰队前往地球。

然而等他们到了地球才发现，地球人仍然与神界打得难解难分。整个地球一片狼藉，各国政府早就名存实亡，只能靠打游击将众神拖入拉锯战。星界看到以后，第一反应是不能让众神独吞了地球。于是利用强大的"港湾H-1000"机器人与众神展开了激烈的交火。地球上的人类发现当年他们送出去的那帮科学家还是有良心的，真回来救自己了，纷纷感激涕零。众神本来就被人类的拉锯战搞得身心疲惫，如今又多了星界力量，根本无法同时应对多线战争，只能频频地收缩战场。

三界大战持续了不到一年，形成了三方互相制衡的关系，但是矛盾与摩擦还是经常发生，于是就有了"三界竞技场"的提议。

三界大赛

人界、神界和星界为了用最小的成本解决彼此之间的矛盾，在地球以及地球的周围（主要是太阳系）挑了8处地方设置竞技场。每隔两年，三界都会派他们最厉害的勇士前往竞技场，进行为期3个月总计2700多场的决斗比赛。在每场比赛开始的时候，人界领袖、神界贵族和星界代表，都会进行"押注"。土地和人口是人界的赌注，神界则会拿秘法和魔水进行下注，而星界则会拿稀有矿产或者顶级科技下注。

在已经举办了16届的大赛中，虽然人类在比赛中输得最多，但人类赢的实际战利品最多，人类获得了大量的神界圣水和星界的稀有资源，也为人类科技的快速发展提供了巨大的支持。但背后的现实仍然是残酷的，例如，人类为了让某场比赛爆冷从而赚得更多，会让自己派去参赛的选手"故意送死"而输掉比赛。这件事是人界公开的秘密，虽然神界和星界也有觉察，但并没有足够的证据证明是人界故意而为。

公元2048年，第17届竞技赛的前夕，人界开始面向全球征召勇士，这才有了后面的故事。

·通过阅读上面撰写的世界观，可以直接看出这是专门为竞技游戏而撰写的背景故事，故事发生的时间和社会环境，以及导致冲突发生的导火索都一目了然，从而清晰地表达了战斗的参与方到底为了什么而斗争。

8.1.2 撰写角色小传

　　游戏设计师并不是在写小说或者编故事，虽然我们可能会在撰写角色的背景故事时，"顺带"写出一些荡气回肠的故事，只是在这个过程中，我们要时刻把注意力放在塑造角色的各项"具备指导性"的设计上，这就需要我们对故事情节部分的描述和渲染少一些，否则就会喧宾夺主了。当然，理想状态是角色塑造和故事情节两者兼顾。

　　现代竞技游戏中的角色对于游戏在逻辑上的意义，与棋子、纸牌等传统游戏并无本质区别。无论是象棋中的炮和马，还是《英雄联盟》中的德玛西亚和瑞文，都是游戏的单位，功能性是这些游戏单位最重要的特征。不管任何游戏单位，如果失去了功能性，就失去了与玩家互动的可能。

　　功能性是表达游戏单位的一个较为概括的称呼，在不同的游戏类型中都会有更细节的表达。在 MOBA 游戏中，角色的功能性是指英雄的定位，也就是所谓的战斗特征。例如，盖伦是一个战士型的坦克，艾希是一个拥有一定范围伤害能力的射手，《DOTA2》中的敌法师是一个天生与魔法为敌同时又具有快速机动能力的刺客，这些能力和中国象棋中的"马走日、象走田"的本质相同，只是现代游戏设计得更为复杂。

　　在设计角色之前，最好先罗列功能，也就是先从逻辑入手，感性次之。

　　当笔者在组织团队进行 MOBA 游戏的角色设计时，会先对角色的功能定位做出大致分类，一般分为战士、坦克、法师、杀手、射手和控场等若干个职业定位。在这些职业定位中，又会进行更细致定位，例如，法师又被分为爆发法师和战斗法师等。

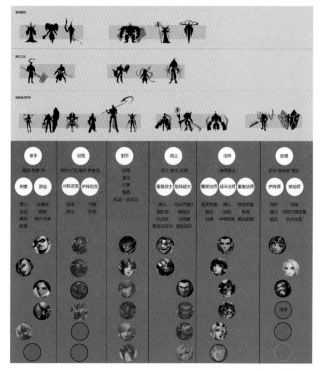

▲ 角色职业定位

上图只是笔者和团队内部浅尝辄止的讨论结果，实际上，这样的定位还可以继续扩展，只要逻辑上成立，符合游戏本身的核心玩法且并无违和感即可。例如，可以在 MOBA 游戏中将坦克与法师的特征相互组合，设计一名"法坦"，还可以将刺客与法师的特征结合再设计一名"法刺"，但我们无法在 MOBA 游戏中将战士与射手结合，因为战士是典型的近战攻击型职业，而射手是远程攻击型职业，如果一个角色的远程与近战攻击都很突出，那么这个角色就显得有违和感，反而失去了其应有的特色，并逐渐失去可玩性。

确定了角色的功能性之后，接下来就可以进入角色塑造阶段，要设计角色的年龄、种族、着装、配饰、武器和性格等基础要素，这些要素将帮助游戏原画师更好地把握角色在视觉上的特征，从而设计出最接近原始想法的角色。需要注意的是，这种设计并不是天马行空的，需要牢牢地以前文所述的世界观和角色定位为边界，否则角色的特征可能不够突出，继而降低其作为游戏单位的可玩性。

如果你只给角色原画师和技能策划提供角色定位、年龄、种族、着装、配饰、武器和性格等基础定义，这样确实可以开工了，但如果你能描述得更细致一些，例如，加入角色的出身、经历和结局等情节，就可以为其他岗位的设计师提供更多参考，使得角色更加丰满。

接下来，笔者以前文中《三界》的世界观为基准，设计游戏角色，角色设计最好的载体就是"角色小传"。

塑造角色时要对角色的功能性进行定位，然后添加一些符合背景故事世界观的细节描述。例如，笔者对《三界》中一个角色的基础描述如下。

· 库珀

▍ **姓名**：库珀（Cooper）

▍ **绰号**：人民勇士

▍ **阵营**：人类

▍ **角色定位**：冲击型战士

▍ **年龄**：25 岁

▍ **种族**：人类

▍ **着装**：红色贝雷帽，盔甲的背后有喷射型助推器，通过释放高纯度、高压缩比的液体燃料瞬间产生巨大推力

▍ **武器**：高科技打造的拳套，可帮助使用者在出拳时爆发出更强大的力量

▍ **性格**：使命感极强，值得依赖，具备领袖气质，是一位身先士卒的勇士

当我们对角色没有更多的想法时，有时候为了研发进度，这样的描述实际上已经可以交给原画师和技能策划了，更多的细节可以让他们去丰富，但是如果你有更好的想法，就可以尝试再多补充一些。例如，添加描述"起义军领袖，宁愿放弃豪华优越的物质生活，也要带领人民对抗星界的奴役"。添加该描述后，原画师就明白要在库珀的身形和配饰细节设计上添加更多内容，以突出其"领袖"的特征。

以下再通过一个例子来展现角色的设计定位及背景小传。

· 波特曼

▌ 姓名：波特曼（Poterman）

▌ 绰号：涡轮小妞

▌ 阵营：人类

▌ 角色定位：爆发型法师

▌ 年龄：12 岁

▌ 种族：人类

▌ 着装：飞行员眼镜、蓬松的绿色卷发和机械师小夹克

▌ 武器：高能涡轮喷射器

▌ 性格：极度淘气、活泼，没心没肺，麻烦制造者

有一个小姑娘叫波特曼，2048 年 2 月的时候刚满 12 岁。波特曼的父亲就职于星际制造公司，是一名最底层的机械工程师，平时喜欢搞一些小发明。父亲为了让女儿生动有趣地认识宇宙，会亲手用量子发动机制造太阳系的各个行星用以模拟星系的运转逻辑。当微缩型人造太阳在他们家的后院上空熊熊燃烧的时候，波特曼深深被其吸引，并懵懂意识到自己长大以后要成为父亲那样的"机械魔术师"。

伴随着波特曼的成长，一些天赋和个性也慢慢在她身上展现出来。别人家的姑娘 7 岁时要学骑粉红色的自行车，而波特曼却非要玩悬浮滑板；10 岁的时候其他的姑娘要去听乡村流行乐，而波特曼却与父亲一起听摇滚；她最喜欢与父亲一起在他们家的小工坊里摆弄各种机械。

有一次女儿去父亲的公司看望父亲，父亲带着女儿参观了各种酷炫的飞行器，有巨大无比的空间站，也有小巧的个人空间飞行器，这些都让女儿大开眼界，这次参观也在幼小的波特曼心中种下了在星际飞行的种子。几天后波特曼过生日，父亲问她的愿望是什么，

波特曼手指向银河说："我想在星星之间飞翔。"

从此父亲心中就有了一个愿望，他想实现女儿的梦想，这不仅是为了女儿，也是为了自己几十年的工程师生涯，父亲希望自己能制作一台"迷你涡轮飞行器"。机械结构是他的长项，但是地球上的能源例如氢、铀等元素他都试了，都无法在极小的存储空间中稳定储存大量的能量。直到有一天，父亲的公司"星际制造"从星界采购了一种新型物质，据说一个可乐罐大小的能量，可以让承载2000人的飞机绕地球20圈。这极大地勾起了父亲的兴趣，这种高浓缩的能源是父亲所追求的，于是父亲向公司申请一些能量带回家做实验。但是刻薄的上司拒绝了他的请求。父亲虽然木讷不善言辞，但是坚持不懈是父亲的优点。一次又一次的申请，换来的却是一次又一次的驳回，父亲的自尊心受到了极大的侮辱："我为公司服务了二十五年，为何连公司核心的边缘都摸不到？你能当我的领导，难道不是因为你一次又一次剽窃我的研究结果吗？"此话一出，上司非常恼怒，决定开除父亲。

父亲回到家把被开除的事情告诉了母亲。母亲不仅没有安慰，反而更加愤怒，母亲决定离婚，幼小的波特曼虽然极不情愿，但仍然被母亲带回了外婆家。

父亲心想，既然已然没有了牵挂，那就豁出去，趁着公司还有很多老熟人，偷一点星际能量出来应该不成问题，用来完成自己的"迷你涡轮飞行器"的研制工作，并在飞行器上印上了自己和女儿共同的姓氏波特曼，然后在姓氏上面一行写道："致我亲爱的女儿。"

当父亲把偷来的一罐"星际光芒"灌入"波特曼涡轮飞行器"中的时候，飞行器竟然迸发出了耀眼的光芒，然而这个光芒是有辐射的，父亲并没有做好防辐射的措施，他被飞行器的强大辐射场搞得头晕目眩，倒在了地上。而小波特曼则在门缝中看到了这一切。

星际制造公司在第二天上午就发现了这一切，相关人员很快就包围了波特曼的房子，父亲躺在床上，波特曼握着父亲的手，父亲对波特曼说："我的愿望，就是你能自由地……飞翔。"说完，他就闭眼了。波特曼冲进父亲的工作室，拧开按钮，背上飞行器，冲出了房顶，离开了这个让她伤心的地方，也从此告别了无忧无虑的童年。

8.2 游戏美术风格分类

作为游戏设计师，在注重核心玩法和逻辑的同时，还要具备一定的审美能力，大致了解目前主流的艺术风格，并拥有对其分类的能力。眼下，整个游戏市场正处于历史上从未出现过的繁荣时期，各种各样的新游戏层出不穷，各种口味的玩家也非常多，因此市场的消化能力也非常强，几乎每过几个月，在某个游戏类型中，就会有"爆款"出现。

在竞技游戏领域，视觉风格的表达也是相当多样化的，不论是风格卡通、色彩明快的《跑跑卡丁车》，还是模拟真实世界风格的《绝地求生》，都拥有相当规模的用户。

虽然说竞技游戏代表的只是一种玩法，从游戏逻辑上来说，任何美术风格其实都能对应竞技游戏的核心玩法，但受制于目标市场、技术实现和性能负载等客观因素，笔者将市面上较为主流的竞技游戏的美术风格大致归纳如下。

8.2.1 欧美写实风格

▌ 代表作：《CS:GO》《绝地求生》《战地》系列等。

▌ 特征：尽可能还原现实世界的真实样貌。

▌ 优点：高保真的现实还原度，能给玩家带来身临其境的震撼体验。

▌ 缺点：在更广泛的用户群中，欧美写实的受众层面较为"核心向"。

头身比多以 7~8 为主，贴图与材质大部分使用现实中经常能见到的真实材质，从而着力将现实中的事物高保真地还原到游戏中。这种风格由于现实感极强，所以非常适合现实主义题材的第一人称类游戏。

▲《战地》系列人物设计

本着尽可能还原现实世界的目的，欧美写实风格的场景往往都处理得非常真实，如果硬件支持，甚至会感觉犹如真实场景的照片一般。这样的处理方式尽管对玩家的硬件要求非常高，但却会令玩家感觉仿佛真的在现实世界中游戏一样，非常有代入感。

▲《绝地求生》的场景

▲ 《使命召唤》的场景   ▲ 《战地》的场景

8.2.2 美式卡通风格

▌ 代表作：《英雄联盟》《守望先锋》《部落冲突》等。

▌ 特征：角色轮廓具有一定的几何感，色彩明快，特征突出。

▌ 优点：符合全球范围内玩家的审美习惯，并具有较高的辨识度。

在美式卡通风格中，头身比的适应范围往往是非常大的，从 2 头身到 8 头身都较为常见。

▲ 《英雄联盟》角色设计

▲ 《守望先锋》的角色设计

▲ 《部落冲突》的角色设计

　　《守望先锋》的场景是目前主流竞技游戏中非常优秀的，虽然建筑物的比例都与现实较为一致，但大胆的用色、高亮度处理让游戏的卡通感表现得淋漓尽致。玩家在游玩时仿佛置身于漫画世界。

▲ 《守望先锋》的场景

8.2.3 亚洲卡通风格

笔者将日系卡通、韩式卡通和中式卡通归纳在一起总称为亚洲卡通。虽然也有类似《泡泡堂》和《跑跑卡丁车》等韩国休闲竞技游戏，但在相当长的一段时间里，一直是欧美游戏占据着竞技游戏的绝对市场，因此在画面表现风格上也是以欧美风格为主。直到近些年来，在《王者荣耀》《决战平安京》《代号M》等国产MOBA手游的崛起下，亚洲美术风格的竞技游戏也逐渐在中国的手游竞技玩家中占有了一席之地。

日系卡通的美术风格在竞技游戏中是最为知名的，例如，《拳皇》系列的美术风格就是完全基于日本漫画的风格进行游戏化改造。诸如《马里奥赛车》等2、3头身的美术风格则是受日本早期漫画的奠基者手冢治虫的影响。

▲《拳皇》角色设计

眼下，游戏行业更倾向于将漫画感极强的作品统称为"二次元"风格，这些游戏的视觉表现多以动漫风格为主，例如，国产MOBA手游《光影对决》和《非人学园》等。

▲ 《光影对决》的英雄展示界面

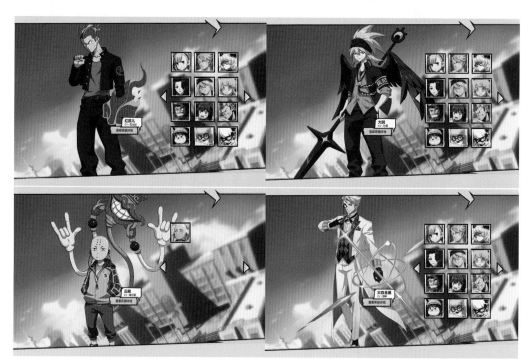

▲ 《非人学园》英雄展示界面

《王者荣耀》则是典型的韩式与中式混搭的美术风格，角色以 7~8 头身的比例为主打，服装设计多以优美的线条和丰富的饰品填充细节感，并附带以深受广大青少年喜爱的偶像明星为脸部特征参考，使得游戏中男性角色看起来英朗俊俏，女性角色看起来性感妖娆。

《王者荣耀》的角色设计之所以能让广大玩家如此喜爱，是由于其设计团队对当今中国的青少年和年轻人的审美趋势把握得十分准确，因此游戏设计师在定义游戏的美术风格时，要对目标用户的审美风格有相对清晰的认知。

▲ 《王者荣耀》角色设计

8.3 角色模型制作

在手机等硬件的限制下，如何做到最优的展示效果以及游戏玩法对角色设计的影响，是目前原画师需要着重思考的问题。在项目伊始，会有一个相对完整的游戏策划文案给原画设计师，上面会列出该项目的一些基本信息：具体引擎的使用、二三维项目的界定、角色风格设定，以及战斗场景描述等。

游戏引擎大致分为两种，一种是二维引擎，以 Cocos2d-x 为代表，另一种就是三维引擎，以 UE3、Unity 和寒霜引擎等为代表。确定好二维、三维及引擎后，设计方面需要根据现有引擎做出相应的调整。对于移动端而言，目前主流的引擎有 Unity 和 Cocos2d-x。近些年手机 HTML5 游戏也非常流行，开发此类游戏一般使用的引擎为白鹭和 Layabox。

选择游戏引擎的宗旨，对于初创团队而言，市场需求＞团队擅长＞游戏类型＞视觉表现；对于成规模的团队而言，市场需求＞视觉表现＞游戏类型。

▌中国风的美术风格特点：清秀、古装、中国古代饰品的花纹样式。代表作：《天涯明月刀》和《剑侠情缘网络版叁》。

▌日韩系的美术风格特点：唯美、时尚、装饰感。代表作：《最终幻想 XIV》（偏写实）和《剑灵》（Q 版）。

▌干净整洁的欧美风格特点：表现夸张，更加接近现实社会的写实度，体积感厚重。代表作：《魔兽世界》（Q 版）和《守望先锋》（偏写实）。

目前模型制作的方式大致分为传统手绘贴图模型和次世代贴图模型，按照贴图制作流程的不同又分为传统次世代贴图和 PBR 流程贴图（偏写实风格的材质与光照渲染方案）。

近几年随着手机硬件水平的提高，行业主流手机游戏的制作方式开始转向 PBR 技术。PBR 的核心理念是依据现实的物理数据，为材质与光照建立一个参照标准，代替以前靠感觉调参数的思路，其实就是按照规定好的材质与灯光的参照表还原最终的效果。这样不同的制作者制作的物件，或者放到不同项目里，灯光和材质都倾向于统一，即倾向于现实。

下面详细列举现有的不同制作方式的效果。

传统手绘贴图通常只运用一张颜色贴图（diffuse map）来表现所有细节和灯光信息。

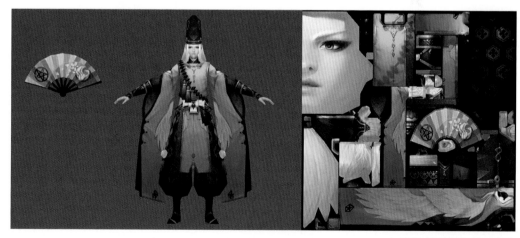

▲ 手游《阴阳师》安倍晴明

传统次世代贴图一般运用法线贴图（normal map）、固有色贴图（diffuse map）、高光贴图（specular map）、光泽度贴图（gloss map）和自发光贴图（emissive map）。

▲ 传统次世代贴图模型

▲ 法线贴图

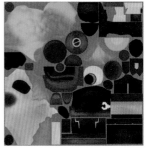

▲ 固有色贴图

▲ 高光贴图

▲ 光泽度贴图

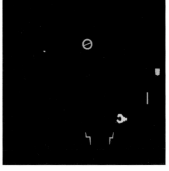

▲ 自发光贴图

▲ 材质球设置 1

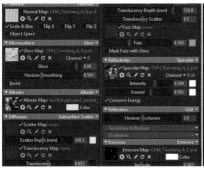

▲ 材质球设置 2

▲ 材质球设置 3

次世代 PBR 贴图展示如下。

▲ 次世代 PBR 贴图流程模型

▲ 反射贴图（albedom map）

▲ 法线贴图（normal map）

▲ 光照贴图（gloss map）

▲ 金属贴图（metalness map）

　　上述模型制作案例，可以帮助我们分析次世代游戏模型的制作流程，以及明白如何在节省资源的情况下应用到手机游戏中。战斗场景里面的模型主要还是运用传统的手绘贴图处理方式，只不过贴图处理并不是完全的手绘处理，而是运用了高模的 AO 信息叠加处理出来的贴图效果，这样处理的好处在于贴图的光影信息会更加准确，这种处理方式同时也节省贴图数量，减少了游戏安装包的包体大小。下图是一款俯视视角的休闲作战类游戏，视角和 Supercell 一致，在这种视角下，通过块面化的处理方式，让角色在战斗视角能更大限度地展示整体效果，让玩家在手机屏幕上准确地判断游戏角色的位置信息，更有利于掌控操作的准确性。

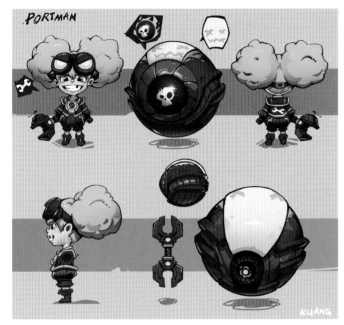

▲ 波特曼的人物设计

▲ Supercell

　　模型制作是通过两套模型分别应用于角色展示界面和游戏战斗界面，因为角色展示界面的核心需求就是最大化展示游戏模型的细节以及动效效果；战斗界面则主要保证游戏的流畅性，尽量保留模型的细节，所以在游戏展示界面运用的是 13000 三角面的相对高精度的次世代贴图模型，而游戏场景由于性能和对战人数的限制，把面数限制在了 3000 三角面的单贴图模型。

▲ 单贴图模型

▲ 次世代贴图模型

▲ 游戏视角　　　　▲ 固有色贴图（diffuse map）

在设计语言不断丰富的今天也涌现出了一些不同的表现风格，二次元的普及让动漫风格的渲染方式得以普及，国内动漫风格做得比较好的有《崩坏 3》和《阴阳师》，将来也会有更多新奇的渲染方式得以实现，给玩家带来不一样的视觉感受。

8.4 概念设计师

笔者的朋友廖琪想分享一些关于概念设计的心得。概念设计是将其他载体（例如小说等文字形式）的作品和想法的设计过程进行视觉化。通过多种途径（画画或建模渲染）将图像描绘出来，并让这些图像看上去有一定的真实性，从而让其他人能够理解创作者的想法和构思画面，这其实也是一种沟通语言。例如，如何以吹风机造型为基础设计飞行器。首先了解现实中工业产品的基本结构，然后拆分结构、绘制出大概的造型，接着逐渐细化。

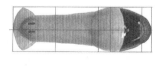

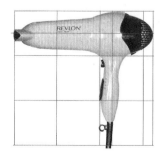 

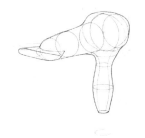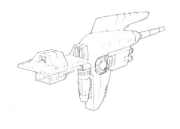

▲ 从吹风机到飞行器的设计

· 在游戏和电影中，概念设计扮演的是什么角色？

概念设计的环节经常出现在游戏和电影项目的前期准备过程中。电影与游戏的不同在于，在电影项目中，概念设计参与非常前期的"艺术打磨"阶段，所以电影项目的前期通常有一个工种称为概念设计师，往往由一个人或者几个人担任。概念设计师团队的领导人一般叫作 art director，有时也叫 production designer。这个人负责电影整个艺术风格的定调和实现。这个人和导演、制作人有着同等重要或次重要的地位。在编剧组有了初步剧本之后，概念设计组负责将故事视觉化。故事中的世界设定、人物设计和载具设计，甚至是故事板、关键帧气氛图，都是由概念设计组产出。产出物决定之后，导演再拿着这些图纸去和摄像组、布景师沟通。当这些准备充分之后，演员们再进组拍摄。所以大家最熟知的演员拍摄环节其实是一个电影制作中期的环节，很多电影光前期筹划阶段就要花费两三年。换到游戏项目，概念设计师团队也出现在制作前期，与电影不同，游戏的概念设计师会在一定程度上贯穿整个游戏的开发。如果这个游戏需要不断地更新内容，那么概念设计师团队更是非常重要的常驻团队之一。基本流程也是概念设计师团队和项目制作人敲定视觉风格和内容，美术建模师开始依照设计图建模贴图产出高质量模型，程序组使用这些模型编进引擎或在游戏框架中实现各种功能。后续的各种新内容的更新，也是类似的流程反复进行。

· 一个优质的概念设计师需要具备什么特质和习惯？

一个电影和游戏的美术风格的重要性不言而喻，如今这已成为很多消费者非常看重的方面。除了设计师的技术过硬、对门路之外，还可以从性格和习惯中辨别一个设计师是否优秀、是否有成长潜力，以及他对这份事业的热爱程度。

（1）有时时刻刻画草图的习惯，认为画画是一种放松和喜爱的生活方式，并不觉得是任务。

（2）对事物保持着敏锐感，有强烈的感悟能力，喜欢研究任何视觉产物。如果研究别人的艺术作品，特别是其他艺术家的概念设计图，一定要有自己的见解。并且这些见解是建立在逻辑性的分析上，并不是单纯凭感觉分析好坏。

（3）要建立自己的高质量参考库和工具库。当一个项目开始的时候，好的设计师会花任务一半的时间找好的、有趣的参考图或资料。闲暇时间就到处拍摄素材、整理自己的素材库。喜欢到处旅游，一趟旅游可能拍摄了几千张比较有针对性的参考照片，生命的全部时间都是和自己热爱的事业息息相关。

（4）优秀的概念设计师还要有各个方面的知识储备，几乎要做到"上知天文、下知地理"。例如，设计师创造的这个世界是有万有引力的，那么其中大部分物体要遵从此准则；如果是一个环境概念设计师，要对基本的地理和地貌知识有所了解，为设想的世界增添真实性；如果是一个机甲设计师，需要对机械关节的运动方式和组成零件有比较深入的研究。

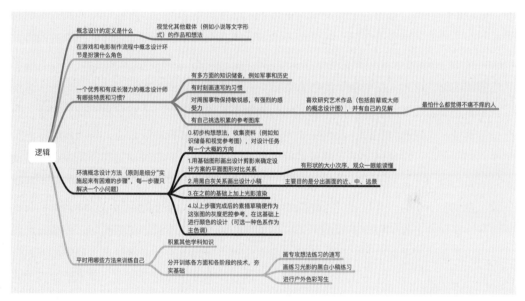

▲ 概念设计工作流程

第 **9** 章

发行游戏与宣传推广

当游戏的设计和开发完成后，对游戏制作人的挑战其实才刚刚开始。如何将产品推向市场，这个过程中又要经历哪些流程，有多少"坑"需要提前留意，为什么几乎所有的游戏都要进行多次测试……本章将会详细讲解。

9.1 提前准备软件著作权和版号

在经历了单纯的游戏想法、立项、组建团队、研发和调整细节等一系列复杂而又辛苦的执行落地环节以后，游戏终于可以面向市场正式发布了，在这个环节又要注意哪些事情呢？笔者将通过自己的实际经历，告诉读者可以避免哪些"坑"。

千万不要等到游戏都开发好了，再去申请软件著作权和版号。这个过程至少需要 2~3 个月，所以务必提前准备。软件著作权的意义是证明这个游戏的所有内容归属于你或者你的团队，申请好以后，游戏也就正式拥有了版权，当有人抄袭或照搬游戏时，能以"侵犯著作权"为由提起诉讼，维护自己的合法权益。

申请软件著作权的途径很多，可以去自己所在地区的"版权中心"完成，也可以联系相关的代办公司帮忙完成，笔者建议找有经验的代办公司处理，一般情况下代办公司根据你的急切程度收费，从数百元到上万元不等。由于一定要先有软件著作权才能申请版号，所以建议读者一旦游戏进入实际的代码编写阶段，就开始申请软件著作权。

需要准备的材料
· 一份从中国版权保护中心网站上下载的登记申请表
· 一份 15 页以上的软件说明书，描述游戏玩法和开发思路
· 一份 60 页以上的游戏源代码
申请完成之后，相关单位会颁发一份软件著作权证书

游戏版号则是国家新闻出版署颁发的批准一款游戏投入市场运营的"通行证"，你的游戏只有拥有了版号，才能正式上传到各个游戏平台供玩家下载。申请游戏版号时需要准备的材料和注意事项较多，如果你的游戏是一款玩法复杂、内容丰富的重度竞技游戏，则整个申请流程较长，所以一定要准备好相关的材料，避免在不必要的环节上浪费时间，否则会错过难得的市场时机，毕竟在互联网领域，时机大于一切。

与申请软件著作权不同，申请游戏版号并不能由游戏的研发商直接向新闻出版署申请，而是要通过新闻出版署批准的出版单位提交申请，除非游戏研发商已经拥有网络出版服务许可证。查询符合条件的出版单位比较简单，可以直接在原新闻出版广电总局的官方网站上找到详细的列表。找到符合条件并且拥有相关经验的出版单位之后，就可以按照出版单位的要求准备申请材料了。

虽然游戏在获得版号之前并不能进行对外的公开运营，但并不影响你进行初步的小规模测试。需要注意的是，无论你的测试规模有多大，都不能开启任何基于游戏的收费行为，一旦私自开启收费并被发现，后果是非常严重的，极有可能会导致游戏审核中断并被处罚。

9.2 游戏测试

当游戏的核心玩法初步完成开发之后，建议立即开启目标用户访谈，通过观察目标用户在游戏中的各种行为，可以提前获得一些反馈。

任何一款经得起市场考验的游戏，都不是一蹴而就的，皆需要多次调整和修改。根据笔者的经验，一款手机游戏的测试分为：客户端性能测试、服务器压力测试、第 1 次封闭测试、第 2 次封闭测试、第 3 次封闭测试和不删档测试等。

9.2.1 客户端性能测试

客户端性能测试是指不同档次的手机在运行产品时的流畅度和温度增长情况。曾经做性能测试需要研发团队购买多款手机，并使用多种检测工具，非常不适合小规模的游戏研发团队。现在游戏行业已经较为成熟，如果使用的是 Unity 引擎，可以使用第三方测试平台 UWA 进行游戏性能评估，并使用 WeTest 平台进行手机适配情况的测试。具体的使用方法可以搜索官方网站，上面有详细的使用说明并有专人对接服务。

▲ UWA

▲ WeTest

需要注意的是，性能和适配是游戏在运营前要尽量推进的重要环节，否则等到游戏正式推广之后，如果大部分的手机都无法完美运行，会极度影响广大玩家的游戏体验。一般情况下，游戏需要完成针对市面上主流机型至少 80% 的适配覆盖，平均帧数要达到 25 帧以上，才能算是可以流畅运行的游戏。

9.2.2 服务器压力测试

竞技游戏是基于云技术开发的网络游戏，因此对服务器的要求很高，特别是游戏正式推广之后的几天内，大量的玩家会涌入游戏，瞬间会对服务器带宽和服务器性能及稳定性产生巨大的压力，因此在前期进行自动化的服务器压力模拟测试是必不可少的环节。

由于游戏具备交互复杂的特殊性，因此市面上的通用压力测试工具并不能完全模拟真实的测试环境。笔者的团队会单独开发测试机器人，通过编写机器人来模拟玩家的真实操作，例如模拟注册、登录、选择战斗模式、进入战斗、控制单位移动、攻击和施放技能等一系列常用操作，并同时对服务器的运行状态进行监控，对服务器在运营时的任何一处异常情况进行记录。这样的测试方法虽然会增加一定的程序工作量，但却能让研发团队提前预知游戏正式上线之后的种种情况——即使如此，笔者的研发团队在发布第一款竞技游戏的首周仍然多次遇到服务器崩溃的意外情况，可见准备工作无论做多少，在正式上线后仍然会百密一疏，只有实际运作过，才能获得成长。后来再发布游戏时，意外情况就极少发生，程序架构趋向稳定，团队经验也有所积累。

9.2.3 第 1 次封闭测试

第 1 次封闭测试是我们辛苦研发的游戏正式面向核心玩家的时刻，研发团队需要利用这宝贵的测试机会对游戏的核心玩法、系统流程、界面与交互流程和视觉表现等游戏的各个方面做出评估，一般有两个评估标准，一是各项数据指标的表现，二是玩家的口碑反馈。

既然要对游戏内的各种数据指标进行理解，那么首先就要接入数据分析平台，有些大型游戏运营商会自己开发数据分析平台，但大部分游戏会使用第三方工具，例如TalkingData、友盟和热云数据等。使用第三方工具的好处是开发工作量小，数据结构清晰，并且相对比较客观，当需要向其他合作方展示这些数据时，会更有说服力。

▲ TalkingData

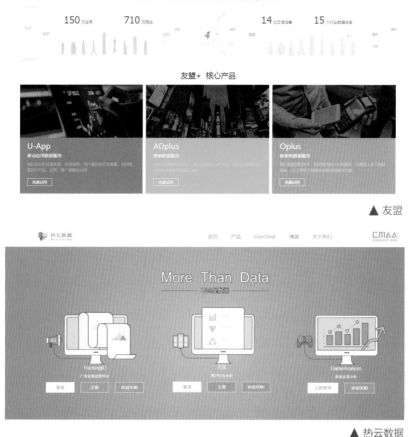

▲ 友盟

▲ 热云数据

9.3 了解数据

封测时每天都需要紧密观测如下数据类型。

· 新增设备激活：一台新设备安装并打开一次游戏的数量。

· 新增注册账户：游戏新增的注册玩家数。

· 注册转化率：安装游戏的玩家中（即激活设备）注册账户的玩家比例，如果 1 名玩家在多个设备使用同一个账号登录，则只记录 1 次有效转化。

· DAU：每天活跃的玩家数量，简称"日活"，即每天至少打开并登录一次游戏账号的玩家数量。

· MAU：每月活跃的玩家数量，简称"月活"，即每个月至少打开并登录一次游戏账号的玩家数量。

· DAU/MAU：用"日活"比"月活"，可体现玩家的总体黏度，衡量这 30 天内每日活跃玩家的交叉重合情况。此比例越趋近于 1，代表月活跃中有更多玩家多日活跃；比例越趋近于 0，则代表大量玩家只在一日中活跃。当比例小于 0.1 时，则说明游戏的自传播性很差。DAU/MAU × 30，用于大致衡量玩家平均每月活跃天数。

· 次日、3 日、7 日、15 日和 30 日留存：玩家第一次打开游戏后的 2 天内、3 天内、7 天内、15 天内和 30 天内，是否再次打开游戏。用以评估游戏的成瘾性，数值越高，代表游戏的黏性越高。一般情况下，一款及格的竞技型游戏的次日留存应为 60% 以上，30 日留存应为 30% 以上。如果低于这个标准，就代表游戏的核心玩法和核心游戏体验产生了很严重的问题，此时研发团队需要重新检查核心玩法的可玩性并做出针对性的调整。

· 平均在线人数：平均 N 秒内的在线人数。对于竞技游戏而言，在线人数是非常关键的指标，这将直接决定游戏内玩家互相匹配时的匹配速度，匹配速度越快，玩家在战斗外等待的时间就越短，玩家的黏性也就越高。

· 平均游戏时长：玩家每次启动游戏后停留在游戏内的游戏时长。该数值一般与游戏的游戏类型有关。如果类似 MOBA 一样的竞技游戏，则该平均时间至少要超过 15 分钟以上，否则证明大部分的玩家打开游戏后并没有完成任何一局对战就关闭了游戏。

· 关卡通过率：如果游戏的新手引导是采用分步骤逐渐深入的方式，则可将这些步骤在数据统计平台内定义成若干个关卡，然后对每个关卡的玩家通过率进行统计，通过率较低的关卡，一般是由于引导出现了断层，玩家不知该如何继续，或者是引导较为烦琐、枯燥，玩家失去等待耐心而导致的。

· 胜率：竞技游戏中玩家的胜率最好在 50% 左右，这是最易让玩家成瘾的，那么监控不同阶段的玩家胜率就可以大致了解游戏的匹配机制是否合理，特别是在玩家刚接触游戏时，尽量让其胜率超过 70%，这样有助于建立玩家长期游戏的信心，如果在新手期就让玩家遭到过多的失败，则此时游戏带来的挫折感可能会让一部分玩家不敢继续游戏。

· 积分 / 段位成长：观察每个阶段的玩家在游戏内的积分与段位成长情况，将有助于了解游戏内的积分计算和段位成长规划是否合理。一般情况下，系统要给处在低段位的玩家给予尽可能的段位保护，帮助其快速提升，而后期的段位则要划分得更细致，使玩家之间拉开差距，这样玩家才有可能匹配到更适合自己的对手。

· 总付费率、每日付费率：总付费率是由所有产生过付费的玩家数除以所有注册玩家数计算所得，每日付费率则是由当日的付费玩家数除以所有注册玩家数计算所得。

· ARPU（average revenue per user）：平均每用户收入，由总收入除以注册用户数计算所得。该指标计算的是注册用户的平均付费值，可以根据需要在上面加上各种条件进行细分。例如，加上日、周或者月的条件限制，可以看到不同趋势和周期的收入情况；加上新旧用户的条件，可以观察新用户和老用户的情况。一般情况下，一款具备大用户量基础的竞技游戏为了确保其公平性，不会添加任何影响战斗平衡性的付费点，因此相对其他类型的游戏其 ARPU 值会很低，并且没有明确的标准，需要根据特定游戏和运营厂商的诉求来判断。

· ARPPU（average revenue per paying user）：平均每付费用户收入，可通过总收入除以 APA 计算得出。

· LTV（lift time value）：玩家生命周期价值，即平均一个用户从首次登录游戏到最后一次登录游戏之间，为该游戏创造的收入总计。

以上大致表达了游戏在测试时作为游戏设计师需要时刻关注的各项通用游戏数据类型，除此之外，还要针对特定游戏类型的关键数据进行整理，以确保游戏的可玩性和平衡性都保持在预期水平。

例如在 MOBA 游戏中，英雄是该类型游戏的核心单位，研发团队最好每天都能对游戏内所有英雄的出售情况、上场情况和胜率进行从高到低的排列统计，除掉活动赠送和任务相关的各种因素，对这 3 个排行中的英雄名次进行比较，可以明确地知道英雄的视觉设计是否讨喜，可玩性是否较强，数值属性是否平衡。

▍ 影响出售的因素：

· 角色的获得难度，例如售价越高，出售就越少。

· 角色形象设计是否符合目标市场审美。

· 角色的动作、特效是否足够精致和谐，打击感是否能给玩家足够的反馈。

· 角色的配音是否符合角色性格，以及配音演员是否专业。

· 角色的属性和技能是否过于超出游戏内所有角色的平均水平。

▍ 影响上场情况的因素：

· 不同的战斗模式会影响出场率，自由匹配和天梯排位中各个英雄的出场率有天壤之别。

· 角色在战斗中的上手难易度，上手难度越高，出场率越低。

· 角色的属性和技能是否过于超出游戏内所有角色的平均水平。

┃ 影响胜率的因素：

· 排位赛中不同的段位会使得角色的胜率差距较大。

· 角色在战斗中的上手难易度，上手难度越高，胜率越低。

· 角色的属性和技能是否过于超出游戏内所有角色的平均水平。

例如，《王者荣耀》中李白的出售情况非常好，几乎人人都会买，但是在天梯中的胜率很低，所以出场率也很低；然而即使武则天的胜率很高，但是买武则天的人并不多。所以英雄胜率虽然会对英雄的销量有一定的影响，但绝不是唯一要素。这是一个非常复杂的体系，需要设计师在设计角色时充分思考角色的各个方面，并在运营的过程中保持对角色各个数据的关注。

9.4 预热造势

要先有玩家，才有玩家评论，所以第一次自己主导游戏开发的读者会疑惑第一批玩家到底去哪儿找？实际上，如果你选择的游戏方向是一个增量市场，此时获得玩家的方式是相对比较简单的。

9.4.1 联系各种媒体发布软文

首先你需要写至少两篇文章，其中一篇写自己的设计理念和开发过程，另外一篇要对游戏内容进行简单描述。在表达自己的游戏设计理念和开发历程时，要注意不要说教，尽量写得有趣一些，最好能让读者当故事看，篇幅不要过长，否则读者会失去阅读的欲望，同时配图要生动，最好能结合当时的一些话题。例如笔者在 2014 年第一次发布《魔霸英雄》时，结合了那年特别火爆的《泰囧》作为标题——"老程的创业囧途"，标题的配图用的也是《泰囧》中的一张配图。

原文在"优设网"刊载，由于文笔比较风趣幽默，同时又带着正能量，当时这篇文章被包括"人人都是产品经理"等行业媒体转载，一下子就将"小刀塔"的名气打了出去，后来正式改名为《魔霸英雄》。然后笔者的商务合伙人帮团队安排了一次访谈，这篇访谈的内容，就顺理成章地成为第 2 篇游戏介绍的软文——"《小刀塔》制作人，解构移动端MOBA"。由于两篇文章的可读性较强，并且当时的移动 MOBA 游戏还处于增量市场，所以很快我们的团队就获得了非常多的关注，直接导致一些热心的粉丝在百度贴吧建立了"小刀塔吧"。

9.4.2 善用百度贴吧制造话题

当有玩家在百度贴吧建吧之后，最大的好处就是当其他人在百度搜索游戏名字的时候，贴吧会在搜索结果中排在权重极高的位置。此时研发团队就可以利用贴吧和玩家进行交流，玩家会问一些诸如"什么时间开服？"或者"有没有某某英雄？"之类的问题，此时要利用玩家的好奇心，在回答玩家问题的同时，制造新的话题，吸引玩家展开讨论，如果话题足够好，很有可能会产生"病毒式"的推广效果。

例如当时我们在贴吧上就直接以官方的名义发布了即将封测的消息，从而吸引了大量玩家的跟帖。在贴吧中积累的人气越来越高以后，就可以发布第一次封测的消息。由于较长时间地在贴吧中造势，第一次封测的预约人数直接达到了 3000 人以上，而实际上开放的封测名额只有 1300 人。

▲ 封测消息

9.4.3 使用 TapTap 凝聚人气

TapTap 是在 2016 年之后才开始慢慢崛起的新的移动游戏聚合平台，由于其相对公正的评分体系，俨然成为手游界的"豆瓣"，每天有很多玩家在 TapTap 上寻找新的游戏，并给予严肃认真的评测意见。如果是具备创新玩法，视听表现都比较出色的游戏，使用 TapTap 平台就可以获得很好的评分，然后非常轻松地获得第一批种子玩家。

▲ TapTap

9.4.4 组建 QQ 群与玩家直接交流

组建 QQ 群是比百度贴吧还要古老的人气聚集方式，在笔者的实际经验中，使用 QQ 群聊天对于青少年来说已经是一种生活方式。由于青少年平时的生活圈较为狭窄，他们渴望能与更多的人有交流的话题，而游戏就是非常好的焦点，极易引起青少年的共鸣。研发团队也可以通过 QQ 群与玩家讨论游戏内的细节，玩家会非常积极地给予反馈。

9.4.5 第 2 次和第 3 次封闭测试

当第 1 次封测结束，研发团队获得了自己想要的各种意见之后，研发团队就要排列优先级，然后逐一调整，同时准备第 2 次封测。如果说第 1 次封测还是带有自娱自乐性质的小打小闹，那么第 2 次封测就要郑重其事地"搞出一点大动静"。如果研发团队内部有运营人员，则需要准备一份运营计划，如果没有，那么游戏设计师自己要写一份，有助于梳理思路，准备让游戏运营进入常态化。

▌ 计划书大致要具备如下几部分内容。

（1）产品触及用户，让用户知道有这样一个产品。

（2）用户深入了解产品，介绍产品的气质和细节。

（3）用户希望参与游戏，下载并进入游戏。

（4）用户产生分享产品的欲望，邀请好友进入游戏。

接下来，笔者将结合自己的实际经验，逐一讲述每个步骤的具体执行方法。

1. 产品触及用户

当前的玩家，对于平面广告和弹窗广告几乎是半免疫的，此时想要获得玩家的关注度，比往常更加艰难。因此需要找到一个包含产品类型、产品情绪和产品气质的载体，而这个载体就是比赛。举办内部赛、邀请赛和核心玩法赛，最好能与国内有一定知名度的顶级玩家合作，记录比赛全程的图文和视频，并在游戏平台进行直播，主要目的是产生最鲜活的预热用推广物料（即运营时需要随时用到的各种素材，包括图片、视频和关键词等）。

举办各种比赛除了可以获得关注度之外，还能收集职业与半职业玩家对于产品的反馈与改进建议，通过对这些信息的消化，研发团队就可以开启每周一个版本的更新节奏，前期坚持这样的更新频率，能让玩家始终保持对游戏的新鲜感。

建设游戏官网、贴吧、官方论坛、知道、百科、公众号、微博、Youku 视频专区和 bilibili 视频专区等，确保玩家在百度搜索游戏名字时，由游戏研发或者运营方发布的内容可以占据搜索结果的前两页。

结合上述官方产生的内容，向媒体和相关论坛等投放宣传稿。宣传稿内容不要用生涩的游戏介绍或者游戏攻略，而是以推广比赛的视频或者 GIF 动图，以及游戏的 30 秒预热视频及 20 分钟游戏操作为主要内容。

在斗鱼、熊猫、企鹅电竞和触手等视频直播平台进行平台联运或广告投放。现如今直播平台的影响力之大是毋庸置疑的，例如《绝地求生》在 2017 年整整一年的火爆人气几乎完全是由直播平台带动的。

2. 用户深入了解产品

以《魔霸英雄》游戏作为例子，列举推广过程。

· 视频部分

30 秒预热视频：直接剪辑游戏内战斗的精彩画面，结合重摇滚音乐，挑起玩家兴趣。

15 分钟操作介绍视频：参考《星际争霸 2》发布会上的第一个视频，操作介绍视频也可以做得和电影一样，引人入胜，让用户看了就有自己上手游玩的冲动。

4 分 30 秒真人小视频：参考 PlayStation4 的"分享的可能"专题，找真人拍摄一个广告视频。

7 集（每集 10 分钟）的研发岗采访：角色模型制作、技能特效制作、游戏工程师、界面设计、场景设计、数值与 AI，以及公司创始人等岗位的采访，介绍产品设计与开发理念。

32 集（每集 3 分钟）英雄技能介绍视频：游戏上手介绍视频邀请 10 名"游戏名嘴"，制作游戏上手介绍视频，或者是游戏 CG（比较贵，性价比不高）、单个英雄的 CG 视频（比较贵，性价比不高，运营中后期比较合适）。

· 图文部分

10 篇游戏测评：找 10 家游戏媒体撰写游戏测评文章。

1 篇创业故事：创始人撰写从融资到上线的开发过程辛酸史。

1 篇游戏制作理念与思路的文章：制作人介绍游戏的制作想法和理念。

8 篇关于角色原画（上下两篇）、角色模型（上下两篇）、技能特效（1 篇）、场景设计（2 篇）和数值平衡（1 篇）的游戏开发心得。

32 篇针对英雄的背景故事、英雄的属性与技能介绍、英雄的定位分析和英雄的战场攻略等文章，每新增一个英雄，就新增一篇英雄介绍。

4 篇地图系统（1v1、2v2、3v3、5v5）攻略。

1 篇单排、开黑、纸牌屋和闯关等游戏系统的攻略。

每天 1 篇关于《魔霸英雄》邀请赛和杯赛的实况报道。

6 篇 LGD 的俱乐部经理、职业选手和知名解说的采访稿。值得注意的是，不管这些人对产品是褒是贬，都要保持"原始态度"对外扩散。

3. 用户希望参与游戏

· 种子测试

通过前期的内部赛和邀请赛，以及第一部分的预热推广，无论是在贴吧、官方论坛、微博，还是在公众号平台上，都会积累一部分想要尝鲜的玩家，优先安排这些用户进行种子用户测试，并给予对应的奖励，为期一周。获得的用户反馈，通过筛选和整理后，优化游戏，开始准备封闭测试。

· 封闭测试

根据常规意义的 S 级和 A 级的游戏判定，封闭测试的环节，次日留存要达到 45% 以上，付费率可不作为封闭测试的考量。但在封闭测试中，需要鼓励玩家多提 Bug 和优化意见，并给予一定的奖励。常规意义上，封测至少需要 2 次，每次为期一周，对于玩家提出的 Bug 和优化意见，要反馈并筛选，优化游戏，开始准备内测。

· 内测

内测几乎等于正式运营，然而即便如此，也不能错过内测的口碑推广机会。建立"M 码"机制，对参与过种子测试和封测的用户，每个 ID 每天定向赠送 1~2 个 M 码，M 码包含文字部分和二维码部分，拥有 M 码的用户，只需要通过微信或者 QQ 等工具转发 M 码，其他用户使用微信扫描即可下载并登录游戏。内测周期视当时的情况而定。

· 公开测试

当产品已经稳定，DAU 超过 50 万以后，正式开始公开测试，优先选择 iOS 平台，将数据和用户口碑扎扎实实地建立起来，这样可以大大降低安卓渠道的开拓成本。

4. 用户产生分享产品的欲望

为了保证种子测试和封测时的数据纯净度，在内测之前，并不进行任何社交化的激励机制，社交激励机制在内测时开启。

邀请好友送钻石、送灵魂石：通过 M 码机制，发布 M 码的 ID，可以获得一定数量的钻石和灵魂石奖励，由于每天都会发布 1~2 枚，可以建立用户长期邀请好友的习惯，而被 M 码邀请的用户，也可获得一定数量的钻石或者灵魂石奖励。

开启战队系统：战队系统是鼓励用户在游戏中组建自己的社交圈、共同获得成长的手段之一，也是用户获得团队成就感的重要来源。

9.4.6 沉淀用户，养成核心粉丝

· 快速反馈

小梦研发团队的每名成员，每天都要参与阅读用户反馈和反馈用户反馈的工作，与用户建立直接联系。

· 线上直播

在斗鱼、战旗和火猫等平台进行游戏直播。但从实际效果看，比较吸引用户的内容为名主播上分、《英雄联盟》和《DOTA2》的高手教学等，无论何种手游产品的直播，在线观看人数尚无法达到以上热门内容的百分之一。所以手游的直播需要找到一个更好的切入点，否则，性价比也不会太高。

· 线上天梯积分

天梯赛将会是一个非常重要的比赛类型，每个大区下面会分若干个服务器，用户在每个服务器中争取到天梯排名的前列之后，即可参加地区性选拔赛，最终，将线上的天梯赛转移到线下的总决赛。战队天梯的规则基本与个人天梯一样。线下杯赛与线上的天梯积分赛互补，每年举办一次，邀请职业选手和线上天梯积分赛的第一名、第二名参与比赛。

· 培养游戏明星及主播

一款竞技游戏是否成熟的标志，从市场来看，就是看是否可以形成自己的生态链，当游戏越发成熟，便可自发产生出对应的职业选手及主播，游戏公司此时需要介入，挖掘并包装这些明星，给用户以榜样的力量。

9.4.7 不删档测试

当游戏进入不删档测试后，一般就代表着游戏进入了正式运营的时期，无论游戏是由发行商代理发行，还是由自己的团队运营，游戏都要进入大规模的推广阶段。游戏将与各种大大小小的渠道打交道。需要注意的是，不同渠道所带来的玩家质量有着天壤之别，一定要选择适合自己的渠道，并在团队内部对渠道进行合理的统计与分类。

9.5 如何让直播更吸引人

笔者有一大摞本子专门记录想法，后来在手机上用"印象笔记"记录。接下来，笔者将分享一些想法，希望能对正在阅读本书的读者起到抛砖引玉的作用。

如何低成本地获得玩家？买量、社交和直播，一个都不能少。

根据不完全统计，截至 2017 年 6 月，中国手机游戏数量已经达到了 116.7 万款，这意味着假设一个玩家即使每个小时就换一款游戏玩，不吃不喝、不眠不休都需要一百多年才能消化完所有储备的游戏。在这样的市场环境下，如何能让自己开发的游戏在漫天遍野的竞争对手中脱颖而出，成为每一名游戏设计师都在思考的问题。

我们可以把现在市场上玩家获知一款游戏的渠道大致整理一下，总结来看无非就是 3 种方式。下载平台和游戏广告，媒体推荐什么我玩什么；朋友和网友、同学和同事，他们玩什么我玩什么；紧张刺激、有趣搞笑，主播玩什么我玩什么。

在这 3 种方式中，第 1 种方式看似单价最昂贵，这要求游戏已经充分证明了其 ARPU 值可以完全覆盖买量成本。而对于具备低 ARPU 值但是高 DAU 的竞技游戏品类而言，至少在游戏运营初期，显然是承担不起的。此时，只有灵活运用好第 2 种和第 3 种方式，才能将试错成本降到最低的同时，获得一定规模的用户量。这就要求游戏设计师在设计游戏之初，就已经在核心玩法的机制上具备社交性和观赏性。

社交性体现在多人竞技游戏的玩法中仿佛是与生俱来的，合作是竞技游戏中获得正向反馈的重要来源。玩家们总是喜欢和自己熟悉的伙伴并肩战斗，于是往往在一个小圈子中，只要有 1~2 名玩家玩这款游戏，他们往往就能带动 7~8 名玩家进入游戏，这就是典型的一传十、十传百的病毒式口碑效应。所以在吸量效果上，支持组队玩法的竞技游戏，往往要比只能单人对战的竞技游戏要好一些。

本小节主要要说的是第 3 种方式，如何让产品可以先受到主播的青睐，然后再通过主播扩散到广大玩家中。根据解决问题常用的"是什么、为什么、怎么办"的方法论，要先搞明白，究竟什么是观赏性。笔者认为，竞技游戏的观赏性必须具备以下关键字：美观、悬念、故事、炫技、冲突、意外和圆满。以下针对每个关键字，逐一进行解释。

· 美观：游戏画面好看，符合大众（或者目标市场的玩家）审美。

如果你打算做的是模拟现实感的军事题材游戏，那么就要让战斗画面充满真实感；如果你要做的是仙侠古风的游戏，那么人物就要俊美、亭台楼阁要惟妙惟肖；如果游戏是非常卡通的休闲风格，那么就要让游戏画面活灵活现，可爱到骨子里。总体来说，要让画面风格在其所属的品类中达到极致，坚决避免"半吊子"。

· 悬念：每局游戏开始时，要在观众的潜意识里植入问题，并且问题的答案要不可捉摸。

"悬念在于要给观众提供一些为剧中人尚不知道的信息。"《英雄联盟》和《绝地求生》在直播比赛时就是如此。"酒桶"在上路，要去下路拿"蓝 Buff"，这期间要路过 5 片草丛，控制"酒桶"的玩家并不知道敌人具体在哪里，但是在 OB 视角下的观众却是一目了然，那么"酒桶"在前往"蓝 Buff"的过程中，玩家就会被其命运带入悬念中，支持他的一方玩家会祈祷其不会被埋伏在草丛中的敌人碰到，不支持的玩家则希望"酒桶"不会发现敌人，此时由其命运的不确定性勾起的悬念，带来了极强的观赏性。

《绝地求生》的游戏机制则有意无意地将悬念的作用表现得淋漓尽致。例如当玩家进入一栋建筑内，大门是开的，但是里屋房间里的每一扇门却都是关着的，那么建筑内到底有没有敌人？敌人究竟是只开了大门就走了，还是躲在了房间内的任意一扇门后呢？当主播进入这样的场景内时，悬念值立即增强，所有观众都被带入到和主播"同呼吸、共命运"的情景中。

· 故事：游戏直播要具备一定的故事感。

怎样的故事才能被大多数的观众接受？虽然被许多观众不屑，但不可否认的是，"超级英雄式"的故事是如今最受市场欢迎的故事类型。超级英雄的故事模式到底是什么？我们在游戏设计中又该怎么做呢？笔者以《编剧备忘录：故事结构和角色的秘密》中的"超级英雄公式"为基础，结合竞技游戏设计的案例，逐一讲解。

1. 主题

主题和主旨类似，主题是形容人类的欲望和品性的一个词，它从头到尾贯穿于整个故事。在主播直播《绝地求生》的过程中，主题非常简单，就是活到最后，如果没有这个主题，那么至少在游戏直播中，这个主播的直播就无法成立。

2. 前提

前提是一句话，用于表达一个道理或者概念。例如《绝地求生》，主题是活到最后，那么直播时的前提可能就是努力提高枪法。

3. 欲望清单

故事中的每个角色都要有自己的欲望，每个角色的欲望可能不止 1 个，所以要有欲望清单。例如《绝地求生》里的玩家，这个角色的欲望清单一般是搜装备与击杀敌人。

4. 交易

每个小故事都有一个场景。一个场景中最重要的部分，就是通过谈判达成全新的协议，协议敲定，这个场景也就随之结束。假如没有出现新的协议，那么它就算不上是一个场景，或者说至少在剧本中算不上是出色的场景。一个场景就是一笔生意，生意做完了，就要立即切换下一个场景。例如《绝地求生》中主播想要队友的 M416，那么该主播可能会用自己的 SCAL-L 或者其他枪械与其交换。此时队友的欲望是 SCAL-L，主播的欲望是M416，因此在这个场景中，两者之间的欲望得到了交易，互相都得到了满足。

5. 合约

交易是指一个场景中各个角色之间的相互交易，那么合约就是指通过什么方式向观众索取"观众的注意力"。说白了，就是观众们为什么要看主播的直播，主播能向观众提供什么？例如《绝地求生》的主播有的是以高超的枪法为观众带来视听享受，有些则会以趣味性给观众带来笑声。所以此处的合约，指的是主播的直播间和观众签了一个看不见的合约——主播为观众提供什么东西，观众要来看什么东西，这个东西本身，就是筹码。

6. 两极对立

两极对立是指故事在不停地发生冲突的过程中，冲突的双方一定要足够对立，例如竞技游戏中的各个阵营之间是绝对的对立关系，不能有任何元素破坏这个对立。当主播在进行游戏直播时，实际上主播已经在扮演一个角色，观众们看的是这个角色与其他角色及周围环境的互动过程。根据超级英雄故事模式的定义，结合竞技游戏本身，此时主播的直播内容中要有主角和主角的队友、对立角色和对立角色的队友。

▌ 塑造角色 = 欲望 + 行动 + 障碍 + 抉择

▌ 欲望：每个角色想得到什么。

▌ 行动：每个角色为了获得自己想要的，付出了哪些行动。

▌ 障碍：角色在行动的过程中，遇到了哪些障碍，这些障碍越多越好。

▌ 抉择：面对障碍的时候，角色会进行怎样的抉择，而这些抉择又会如何互相影响。

综合以上所有内容，该游戏主播的直播才有节目效果，观众才能看进去。实际上，游戏直播本身就是一个又一个的娱乐节目，现在电视台和视频网站中的大部分娱乐节目用的也是这个"套路"，读者可以结合自己喜欢的节目思索一下这些节目是如何使用"故事套路"的。

· 炫技：游戏在策略和操作上要有足够的深度，主播只要多加练习即可在直播时"秀操作"。

这一点无须赘言，无论是《英雄联盟》中的主播 Faker，还是《绝地求生》的主播17shou，都是"技术流"的代表人物，他们通过自己的天赋再结合日复一日的训练，最终在游戏中达到了出神入化的境界，"完成绝大部分人无法完成的操作"，这是直播时最能吸引观众注意力的部分，也是最容易产生竞技明星的关键因素。

· 冲突：游戏机制不仅要在敌对阵营，更要在友军阵营中制造冲突。

游戏如果想要有节目效果，就必须在整个游戏过程中不停地制造冲突，制造敌对阵营的冲突较为简单，难的是在友军阵营中制造冲突。实际上，有时由于敌对阵营的冲突是天然既定的事实，最能产生节目效果的反而是己方阵营的冲突。例如，《绝地求生》的直播中经常能看到队友之间因为物资、抢点等鸡毛蒜皮的小事互相斗嘴，或者在《王者荣耀》选择英雄时为了谁打中单而爆发口水战，这些都是己方冲突的表现形式。

·意外：在游戏的主流程上，要设置发生意外可能性的机制，加强主播在直播时的戏剧性。

从某种意义上来说，意外也是冲突的一种，例如，《绝地求生》中经常发生的开车撞树，或者被偶遇的"伏地魔"暗杀，都是因为游戏中的逻辑链非常复杂，不是所有玩家都能随时了解整个逻辑体系中的每个环节，所以对于玩家来说，某些必然发生的事情，反而让其感受到了意外和突发感。在制造意外的条件上，游戏设计师也不用刻意为之，只需要尽可能地增加变化，增强游戏的随机性，让玩家永远无法摸清游戏中发生变化的规律，玩家就能在游戏中遇到各种意外，而主播就会充分利用这些意外事件，主动在直播时体现节目效果。

·圆满：像多数流行影视剧一样，主播在一次直播时一定要有圆满的结局。

游戏，要让人人都有机会胜利，虽然类似 Getting Over It 这种极度虐心的游戏曾经在主播界风靡一时，但玩家在观看直播后的下载意愿及持续进行的意愿就没有那么强烈了。同时有些主播迟迟无法通关，不管主播的节目效果多么充足，直播间的观众也会流失。所以游戏要尽量让人人都可以获得胜利，也就是说，要尽可能为主播提供"圆满结局"，否则无论上文中的各个方面准备得多么完美，最终都无法持续获得主播们的长期关注。

以上，就是笔者对游戏观赏性所需要具备的各种要素的看法，看起来很复杂，但有些时候一些简单的游戏机制同样可以具备四两拨千斤的效果，例如《球球大作战》或《贪吃蛇大作战》就是"简约而不简单"的代表作品，看似极其简单的游戏机制却能带来出人意料的直播表现，甚至《球球大作战》还举办了联赛。这足以证明，满足观赏性的要求并不需要非常复杂的游戏机制，其关键还是在于游戏设计师对核心玩法各个层面的理解与设计。

后记

本书的大量篇幅在阐述游戏中各种机制的方法论，大到核心玩法的整体机制设计，小到一个看似微不足道的技能。通过本书，厘清自己对游戏机制的理论认知，目的就是掌握设计游戏并让一款游戏变得好玩的核心方法论。

2018 年，我从大学毕业刚好整十年，也在游戏行业摸爬滚打了十年。在写作本书的过程中，我不断地回忆着自己参与或主导的一个又一个项目，希望从中汲取养分，为自己的下一个十年总结经验。有些我亲身经历的细节案例，由于发生的时间太近，涉及的人和事太多，不方便在书中提及，所以还是留给时间，等到下一个十年时再写出来，我想那时一定会更加生动、有趣。

以此书献给我的老妈，感谢她在狗年春节假期时为了支持我深夜赶稿而准备夜宵。

最后，如果读者希望自己的游戏获得融资或者曝光，抑或是在书中发现错误或者有不同观点，请发邮件与我直接交流，我的邮箱是 peterchengtao@163.com。